别在该努力的时候，只谈梦想

只谈梦想

文德 著

中国华侨出版社

北京

有些人常说："我不敢在家休息，因为我没有存款；我上班不敢偷懒，因为我没有成就；我不敢说生活太累，因为我只能靠自己。"他们很勤奋，甚至做事也是认真到固执。"固执"这个词在这里绝非贬义，而是一种遵从内心的体现。因为，我们迫切追求梦想，而努力是我们唯一能掌握的变量。

那些不曾努力的日子，都是对梦想的辜负。努力是每个人对"生来仅仅一次的生命"最起码的尊重。21世纪是信息时代，也是一个浮躁的时代，时光如白驹过隙，繁忙的生活中我们分不清梦想和野心，匆忙、虚荣与焦虑混杂成一个充满污垢的生活状态。从上学、工作、恋爱，到一系列选择……无不面临各种难题，却又必须迎面应对。渐渐地，我们从生活中学会了努力。努力生活，努力思考，努力享受困难和艰辛。人不能只信服"在哪里跌倒，就要在哪里爬起来"这种鼓励，若不去思考跌倒的原因，你会在同一个地方摔得鼻青脸肿，魂飞魄散。找到根源，剖析内心，方得始终，这就是本书与心灵鸡汤的最大不同。

一个人，不怕后悔做过什么，而是怕后悔没做什么。在人生的路上，我们总会遇到这样或那样的困难，有的人选择逃避，有的人选择迎难而上。《别在该努力的时候，只谈梦想》是一本好读、走心的书。因为它就像一棵安静的树，枝繁叶茂，优雅傲骨，同时又充满生命力。本书精选80多篇关于梦想、关于职场、关于情感的励志故事，直击读者内心深处。让读者在感受到温暖的同时，更迸发出向上的力量！去勇敢地追寻梦想，实现自己的人生价值。

不断努力，成为更好的自己，才能配得上更好的你；坚持梦想，脚踏实地去践行，才能走进熠熠生辉的明天。相信自己，憧憬明天，努力奔跑。因为这个世界，不曾亏欠每一个努力的人！

CONTENTS 目录

第三章
你自以为的极限，其实只是别人的起点

别在该努力的时候，只谈梦想

第六章
你只是有些心累，并非全世界都跟你作对

第七章
不是运气太差，而是你不够强大

别在该努力的时候，只谈梦想

第八章
走好选择的路，别选择好走的路

第九章
你受了那么多苦，一定是为了值得的东西

别在该努力的时候，只谈梦想

第一章

一无所有的年纪，
却是你折腾的最佳时机

20 多岁的选择，决定 30 多岁的成就

"你过去或现在的情况并不重要，你将来想获得什么成就才最重要。除非你对未来没有理想，否则做不出什么大事来。有了目标，内心的力量才会找到方向。"这是美国成功学家拿破仑·希尔关于"理想"的一段话。从古至今，我们都在强调一个人要有理想，近代成功学也将理想纳入个人自助计划的重要步骤。理想固然很重要，但从确定理想那一刻开始，你的行动更重要，因为它决定了你是否可以实现理想。

如果将我们熟知的成功者们的今天当作一个点，从这个点往昨天、前天倒推，我们会发现，其实他们在 20 多岁的时候与我们很相似。而差距是从 20 多岁确定人生目标之后，他们选择用一天天时间、从一件件事情上慢慢拉近自己与成功之间的距离。

娱乐圈中的明星很多，昙花一现的不计其数，但是有些人能够越老越红，成为真正的偶像明星。他们的成功看起来很容易，似乎就是唱几首歌、演几部电影，但为什么偏偏是他们而不是别人，为什么好运气就降临在他们身上？这其实与个人的选择有关。

但凡一件事情，是否能够做得到、做得好，其实就是一个选择的问题。也许看上去只是一件小事，但最终会影响你的整个人生轨迹。

也许很多人会抱怨命运的不公，然后自怨自艾，最后不认真对待角色，久而久之，连群众的龙套都没得跑。

有这样一句很流行的话："把每一件普通的事情做好就是不普通，把每一个平凡的日子过好就是不平凡。"

也许，在你20多岁的时候，你觉得自己对一切都无所谓。什么成功、成就，那只是指日可待的事情；什么机会、人缘，那也只是等着自己去俯身拾取的东西。似乎自己在30多岁的时候，注定是成功的。其实，你对每一天的生活态度，对每一件小事的选择，决定了你未来会有多大的成就。

也许你觉得，假如自己在娱乐圈每天工作在聚光灯、荧光棒下，也会全心全意地付出。事实上，在哪里工作，做什么样的工作并不是最重要的，重要的是你选择用怎样的态度去工作。你想做老师，想做记者，想做娱乐明星，等等，却一样也没有用心去做。在该踏踏实实努力的年纪里，你选择的是挥霍青春、虚度光阴。等到别人20多岁种下的种子获得丰收的时候，你才发现自己的田野中长满荒草，那是何等的悲哀和令人追悔！

春种，夏长，秋收，冬藏。每一个环节都是下一个环节的铺垫，我们的人生也是按照这样的规律在前进。你所浪费的今天，正是昨日殒身之人渴望的明天。如果你希望能够拥有一个丰收的秋季，那么在20多岁的人生之夏，请选择用勤奋和努力来把握每一天吧！

趁年轻，为梦想拼一拼

年轻人应该拥有梦想，一个人若没有了梦想，就如同失去方向的行舟。在激流中横冲直撞，直到筋疲力尽，然后随波逐流。如果在我们启动征程之前，就先确立一个明确的目标并始终认定这个方向，那么我们在拼搏的时候就不至于漫无目的。

"西楚霸王"项羽自小与叔父项梁一起生活。时逢乱世，安身立命需要有一技傍身。项羽先是跟从叔父学习读书识字，可没学几天就觉得不耐烦，便放弃了，并且理直气壮地对项梁解释说："读书识字，只要会写自己的名字就行了。"没办法，既然不肯学文那就教他习武吧。于是项梁又改教项羽学习剑术，结果和上次一样，项羽的态度依然非常不屑一顾，说道："剑术再好，终究只能敌对一人，要学便学敌对万人的本领。"项梁听后非常气愤，只恨这小子不争气。

一日，项羽随项梁出行，刚好遇到秦始皇出巡行至会稽郡，仪仗行伍威严，声势场面非常雄壮。项羽雄心顿起，目光直视秦始皇，豪言遂出，说道："他日，我一定会取代他的地位。"项梁听他说出如此"大逆不道"的话，非常惊恐，赶紧捂住项羽的嘴，带着项羽离开了。此后项梁也知道项羽其志不在习文弄武，于是便教项羽学习兵法。

秦末，由于二世皇帝昏庸无能，朝政暴虐，因此我国历史上爆发了第一次反抗暴政的农民起义。项羽随叔父项梁也加入了以陈胜、吴广为首的农民起义军，在反抗暴秦统治的斗争中，项羽骁勇过人，战功赫赫，为推翻秦朝的残暴统治立下汗马功劳。

项羽本无尺寸之地，但凭一身虎胆、满腔凌云之志，乘势起于陇亩之中，仅历时三年，便率领五路诸侯灭掉秦朝。项羽以盟主的身份，裂地封王，从此"政由羽出，号为'霸王'"。

苏东坡说："古之立大事者，不唯有超世之才，亦必有坚韧不拔之志。"一个要成大事的人，一定要有一个伟大的志向。

有一位普通的乡村邮递员，每天徒步奔走在各个村庄之间。一天，他在崎岖的山路上被一块石头绊倒了，他捡起那块石头，并不是勃然大怒狠命一摔，而是左看右看，竟对这块石头有些爱不释手。于是，他把那块石头放进自己的邮包里。村民们看到他的邮包里除了信件，还有一块沉重的石头，都感到很奇怪，劝他把石头扔了。他取出那块石头，有些得意地说："你们看，有谁见过这样美丽的石头？"人们有些不屑一顾："这样的石头山上到处都有，够你捡一辈子。"

到家后，邮递员突然产生一个念头，如果用这些美丽的石头建造一座城堡，那将是多么完美！后来，他在送信的途中都会捎上几块好看的石头。年复一年，在梦想的感召下，他再也没有过上一天安闲的日子。白天他是一个邮差和一个运输石头的苦力，晚上他又是一个建筑师。他按照自己的想象来构造自己的城堡。对于这个近似疯狂的举动，人们都感到不可思议，认为他的大脑出了问题。

20多年后，在他偏僻的住处，出现了许多错落有致的城堡。1905年，法国的一名记者偶然发现了这群城堡，这里的风景和城堡的建造格局令他惊叹不已，因此写了一篇介绍城堡及其建筑者的文章。文章刊出后，这位邮差——希瓦勒迅速成为新闻人物。许多人慕名前来参观，连当时最著名的艺术大师毕加索也专程参观了他的建筑。如今，这群城堡已成为法国最著名的风景旅游点之一，它的名字就叫作"邮递员希瓦勒之理想宫"。据说，入口处立着当年绊倒希瓦勒的那块石头，上面刻着一句话："我想知道一块有了愿望的石头能走多远。"

拥有梦想，一块块石头可以筑成一座城堡，因为"有志者，事竟成"。

我们都不希望自己碌碌无为地度过一生，为此，现在我们就在自己的心中种下一粒梦想的种子吧。尽管在收获成功的硕果之前，我们会付出很多汗水和泪水，但我们勇敢向前、义无反顾，因为我们拥有梦想。

别在该奋斗的年纪，葬在了安逸

在为了达到目标而付出行动之前，我们心里对即将遇到的挫折和困难或多或少都有一个大概的估计，并且会对此做好一些相应的心理准备。然而"善始者实繁，克终者盖寡"，即便是做好了心理准备，在迈向成功的奋斗路程上，还是会有许许多多的人无功而返。我们或耽于声色之娱，或因沉迷诱惑而失去梦想，抑或是被巨大的挫折与困

别在该努力的时候，只谈梦想

难所震慑……所有这些，都是因为我们没有坚韧的意志力以及一颗执着于自己梦想的心。

1832 年，美国的一位青年失业了，这显然使他很困惑。一番思考后，他决定改当政治家，竞选州议员。更让他痛心的是，他竞选失败了。

打工不成，当公务员也不行，那就自己当老板吧。于是他着手开办企业，可不到一年光景，这家企业就倒闭了。为此，在以后的 17 年间，他不得不为偿还因企业倒闭所欠下的巨额债务而到处奔波，吃尽苦头。

随后，他再一次决定参加竞选州议员，这次他成功了。他内心萌发了一丝希望，认为自己的人生有了转机。

1835 年，他订婚了。令他心碎的是，离结婚还差几个月的时候，未婚妻不幸去世。这对他精神上的打击实在太大了，他心力交瘁，整个人完全崩溃，数月卧床不起。

1836 年，他得了神经衰弱症。

1838 年，他觉得身体状况有所改善，于是决定竞选州议会议长，结果还是失败。

1843 年，他又参加竞选美国国会议员，这次又是以失败告终。

1846 年，他又一次参加竞选国会议员，最后终于当选了。可两年任期很快过去了，他决定要争取连任。他认为自己作为国会议员的表现是出色的，相信选民会继续支持他。但结果很遗憾，他再次落选，因为这次竞选他赔了一大笔钱。他申请当本州的土地官员，但州政府把他的申请退了回来，上面指出："做本州的土地官员要求有卓越的才能和超常的智力，你的申请未能满足这些要求。"这明显带有侮辱性的言辞并没有将他击败。

1854 年，他竞选参议员，结果又是一次失败的尝试。

两年后他竞选美国副总统提名，结果被对手击败。

又过了两年，他再一次竞选参议员，结果又是失败。

这么多的失败经历集中在一个人身上，也可谓"蔚为壮观"。我们也许会认为恐怕这个人已经被苦难给毁了吧。然而出人意料的是，事实并非如此，这个"集苦难之大成者"就是美国前总统亚伯拉罕·林肯。

这位"集苦难之大成者"在外人看来，没有才华，不被看好，然而他拥有坚韧的毅力以及执着的心。也正是因为这些，他始终不放弃，与苦难做最顽强的斗争。林肯最终取得了非凡成就，成为美国历史上最伟大的总统之一。

"蚓无爪牙之利，筋骨之强，上食埃土，下饮黄泉，用心一也"，蚯蚓没有锋利刚健的爪牙和筋骨，却能上食埃土，下饮黄泉，是因为执着和坚韧的缘故。面对挫折，最好的利器就是坚韧与执着。

在美国，有一位穷困潦倒的年轻人，即使把身上全部的钱加起来都不够买一件像样的衣服。因为喜爱电影，他在心中许下拍电影、当电影明星的梦想，穷困潦倒、其貌不扬的他似乎完全没有做这种明星梦的资本。但他全心全意忠于自己的梦想，并为此做了许多准备。他根据自己的形象气质、身材特点等多方面因素量身定做了一个剧本。

当时，好莱坞共有 500 家电影公司。他根据自己认真规划的路

别在该努力的时候，只谈梦想

线与排列好的名单顺序，带着剧本前去逐一拜访。一遍下来，这500家电影公司没有一家愿意聘用他。面对百分之百的拒绝，这位年轻人没有灰心，从最后一家被拒绝的电影公司出来之后，他又从第一家开始，继续他的第二轮拜访与自我推荐。

在第二轮的拜访中，500家电影公司依然全部保持拒绝态度。年轻人又开始了第三轮的自我推荐，结果仍与第二轮相同。被拒绝了1500次，这个令人吃惊的数字足以震惊每个人。不肯放下梦想的年轻人咬咬牙开始了他的第四轮拜访。当拜访到第350家电影公司时，或许是出于感动，老板终于答应让他留下剧本，先看看再做定夺。

几天后，年轻人获得通知，就电影事宜，双方进行详细商谈。于是在热烈而友好的气氛中，双方就大家关心的问题进行了广泛而深入的探讨，双方诚挚地交换了意见，并达成了共识。就在这次商谈中，这家公司决定投资开拍这部电影，并请这位年轻人担任男主角。这部电影名叫《洛奇》，上映后广受好评，此后其系列电影达6部之多。也许大家都猜到了这个年轻人是谁——西尔维斯特·史泰龙，他凭借《洛奇》这部电影一炮而红，此后一直以硬汉形象饮誉好莱坞影坛。

迈向成功的道路往往是非常艰苦的，面对苦难，始终抱有"咬定青山不放松""任尔东西南北风"的坚韧意志和执着精神，苦难自会退避三舍。"拨云雾而见青天"，苦难的风雨过后，最终迎接我们的一定会是成功的晴天朗日。

放弃梦想就等于放弃自己，所以拿出你的决心，用坚韧的毅力、执着的精神跟挫折与困难斗争。"逆风的方向，更适合飞翔。我不怕千万人阻挡，只怕自己投降。"在挫折与困难的胁迫下，紧握梦想的手，不松开，不妥协。

人生最精彩的不是梦想实现的瞬间，而是实现梦想的过程。

听说你过得并不如意，却还很安逸

《阿甘正传》中有一句经典台词："人生就像巧克力，你永远不知道下一块是什么味道。"对于未来，我们可以预测的有很多，但是可以把握的却很少。人生总不能像我们以为的那样前进，正因为如此，很多人将一切都交给"运"，相信自己年轻时如果没有好运气的话，将来人到中年可能会"大器晚成"。

但剧情通常这样发展：你期望明年能转运，结果明年的运气更差；当你发现自己已经不太可能依靠好运气翻身，必须自己主动出击的时候，你已经"不再年轻"了。

很多已经成功的人都以"机遇只偏爱有准备的人"为自己的座右铭，言下之意就是自己能成功是因为"早有准备"。我们可以看一看肯德基形象代言人——永远微笑着的山德士的故事。

传说山德士是在69岁的时候开始创办肯德基的，而且在这之前他靠一只平底锅闯荡纽约，被拒绝1009次。这很可能是为了增加他的传奇色彩而添加的一些情节，根据肯德基网站上的资料，他的生平是这样的：

别在该努力的时候，只谈梦想

1890 年，山德士出生。

39 岁时，他的炸鸡店开张，6 张凳子就是他的全部家当。

40 岁时，他的店被当时的一个评论家写进自己的旅游见闻中出版，因此获得了越来越多的顾客。

45 岁时，他被政府授予"荣誉上校"。

47 岁时，他尝试在肯塔基州开连锁餐厅，但是失败了。

49 岁时，他开了一家汽车旅馆餐厅，结果又一次失败了。

49 岁时，他发明了高压锅炸鸡。

49 岁到 55 岁，正值"二战"，他的汽车旅馆关闭，战后重开。

59 岁时，他再次获得"山姆上校"的荣誉称号，他的经典形象——白围裙、白衬衣、黑色条纹领带、黑色皮鞋以及白色的山羊胡子，都让他看起来像是一个南方过来的绅士，他还和自己的雇员结婚了。

66 岁时，他的餐厅走下坡路，他把所有的财产都卖出去还债，靠每月 105 元的政府救济金生活。

70 岁时，他东山再起，有了 400 家连锁店——也就是肯德基炸鸡店。

74 岁时，山德士把自己的产业卖给了一个投资集团，并且拒绝拥有这家公司的股份。考虑到他本人的社会影响力，肯德基还是以每年 4 万美元的年薪聘请他当公司的"形象代言"，后来涨到每年 75 万美元。

90 岁时，山德士上校去世。

山德士的故事似乎是从 39 岁开始的，远比传说中的 69 岁要早，但是这个年龄也比很多成功人士要晚得多。而且，在他开始炸鸡之前，肯定也尝试过不同的工作，到了接近"不惑之年"的时候，才开始与自己的终身职业沾边。而这一选择，才慢慢引出了后来的连锁品牌——肯德基。

可以说，如果没有39岁后的准备工作，他不会拥有"终身成就"。没有第一步，就不会有下一步，更不会有第一次的成功和紧接着的更大成功。

任何人的成就都是像"滚雪球"一样慢慢地越做越大，如果你没有在年轻的时候播种、耕耘，就不会有后来的收获。当然，要排除那些意外的收获。要知道，就连本田的老总本田宗一郎也说："只有一步一步积累起来的财富才安全而可靠。"

保持一份好奇，世界会给你惊喜

20多岁的年轻人，如果不是主动地迎接风险的挑战，便是被动地等待风险的降临，冒险总比墨守成规让你更有机会出人头地。

美国钢铁大王安德鲁·卡内基在未发迹前的年轻时代，曾担任过铁路公司的电报员。

有一次在假日期间，轮到卡内基值班，电报机传来的一通紧急电报，内容令卡内基几乎从椅子上跳了起来。

紧急电报通知在附近铁路上，有一列货车车头出轨，要求上司命令替班列车改换轨道，以免发生追撞的惨剧。

当天是假日，卡内基找不到可以下达命令的上司，眼看时间一分一秒地过去，而一班载满乘客的列车正急速驶向货车头的出事地点。

卡内基只好敲下发报键，以上司的名义下达命令给班车的司机，调度他们立即改换轨道，从而避免了一场可能造成多人伤亡的意外事件。按当时铁路公司的规定，电报员冒用上司名义发报，唯一的处分是立即革职。卡内基十分清楚这项规定，于是在隔日上班时，他写好辞呈放在上司的桌上。

上司将卡内基叫到办公室，当着卡内基的面将辞呈撕毁，拍拍卡内基的肩头说："你做得很好，我要你留下来继续工作。记住，这世上有两种人永远在原地踏步：一种是不肯听命行事的人，另一种则是只听命行事的人。幸好你不是这两种人其中的一种。"

清楚地了解什么是自己该做的，什么又是不该做的，这是所有成功者都需要具备的条件。

卓越者之所以能够卓越，取决于他愿意去做一些平庸者所不愿意做的事；平庸者之所以平庸，乃在于他一直在做成功者所不愿意做的事。

要能够清楚地了解什么是该做或不该做的事，首先必须拥有明确的目标，其次需要有清晰的定位，最后加上智慧。这样，就可以有正确的判断力，把握住自己该做的事情。

世界上大多数人都不愿意去冒险。他们平平庸庸地挤在平坦的大路上，小心谨慎地走着，以为这样就可以平平安安、轻轻松松地过一生，但他们永远也领略不到人生奇异的风情。他们要在拥挤的人群里争食，说不定，某一天没有争到食物，还要挨冻受饿，这难道不是一种风险吗？而且这还是一种难以逃避的风险，是一种越来越无力改善现状的风险。就像温室里的花草，当某天寒流袭来时，最早冻死的便是这些没经历过风雨的花草。

所以，生命从本质上说就是一次探险。

任何事情的圆满结局都是等不来的，必须用行动促成其实现。要打破平庸，就得敢冒一定的风险，虽然有时候免不了失败，但这种失败同样具有不可磨灭的价值，其价值就体现在后来的成功之中。

约翰·吉姆森升为公司新产品部经理后的第一件事，就是开发研制一种儿童所使用的胸部按摩器。然而，这种新产品的试制失败了，吉姆森心想这下非要被老板"炒鱿鱼"不可。

吉姆森被召去见公司的总裁，然而，他受到了意想不到的接待。"你就是那位让我的公司赔了大钱的人吗？"总裁问道，"好，我倒要向你表示祝贺。你能犯错误，说明你勇于冒险。如果你缺乏这种冒险精神，我的公司就不会有发展了。"

数年之后，吉姆森成了公司的总经理，他仍然牢记着总裁的这句话。

一家大公司的总裁说得好："冒险精神具备与否，实际上是一个员工思考能力和人格魅力的体现。"是的，作为一个员工，只有你把冒险精神投入工作中去，你的老板才会感觉到你的努力。

20多岁的年轻人，才华和能力只有通过冒险，通过克服一道道难关，才能展现出来。而安于现状、不思进取的人，没有危机感的人，不愿参与竞争和拼搏的人，他们得到的奖赏肯定不是成功，而是彻头彻尾的失败。

所有偷过的懒，都会变成打脸的巴掌

萧伯纳说："懒惰就像一把锁，锁住了知识的仓库，使你的智力变得匮乏。"懒惰就像是一种精神腐蚀剂，使人变得萎靡不振。懒惰的人好逸恶劳，即便是力所能及的事情也不愿意动手去做，妄图坐享其成。能力是修炼出来的，凡事都袖手旁观，自身的能力就会退化。

因此，颜之推在《颜氏家训》中告诫自己的子孙说："天下事以难而废者十之一，以惰而废者十之九。""天下无难事，只怕有心人"，勤奋用心的人不会因为事情的艰难而放弃成功的希望；懒惰才是失败的主要原因，因为懒惰会让人的智力变得贫乏，能力变得平庸。

好逸恶劳乃是万恶之源，懒惰会吞噬一个人的心灵。对于任何一个人来说，懒惰都是一种堕落的、具有毁灭性的腐蚀剂。比尔·盖茨说："懒惰、好逸恶劳乃是万恶之源，懒惰会吞噬一个人的心灵，就像灰尘可以使铁生锈一样，懒惰可以轻而易举地毁掉一个人，乃至一个民族。"

一旦染上了懒惰的习性，就等于为自己掘下了坟墓。毫无疑问，懒惰者是不能成大事的，因为懒惰的人总是贪图安逸，遇到一点风险就裹足不前；而且生性懒惰的人还缺乏吃苦实干的精神，总想吃天上掉下来的馅饼。这种人不可能在社会生活中成为成功者，他们永远是失败者。

人们总有不劳而获的思想，克服懒惰才能免于毁灭，而付出辛勤的劳动是唯一的方法。英国哲学家穆勒这样认为："无论王侯、贵族、君主，还是普通市民都具有这个特点，人们总想尽力享受劳动成果，却不愿从事艰苦的劳动。懒惰、好逸恶劳这种本性是如此根深蒂固、普遍存在，以致人们为这种本性所驱使，往往不惜毁灭其他的民族，乃至整个社会。为了维持社会的和谐、统一，往往需要一种强制力量来迫使人们克服懒惰这一习性，从而不断地劳动。"

一位哲学家看到自己的几个学生并不是很认真地听他讲课，而且学生们对自己将来要做什么也模糊不清，于是，哲学家打算给学生们上一节特殊的课。

一天，哲学家带着自己的学生来到了一片荒芜的田地，田地里早已是杂草丛生。哲学家指着田里的杂草说："如果要除掉田里的杂草，最好的方法是什么呢？"学生们觉得很惊讶，难道这就是要上的最重要的一堂课吗？学生们还是纷纷提出了自己的意见。

一位学生想了想，对哲学家说："老师，我有个简便快捷的方法，用火来烧，这样很节省人力。"哲学家听了，点点头。另一个学生站起来说："老师，我们能够用几把镰刀将杂草清除掉。"哲学家也同样微笑地点点头。第三位学生说："这个很简单，去买点除草的药，喷上就可以了。"听完学生的意见，哲学家便对他们说道："好吧，就按照你们的方法去做吧。4个月后，我们再回到这个地方看看吧！"学生们于是将这块田地分成了3块，各自按照自己的方法去除草。用火烧的，虽然很快就将杂草烧了，可是过了一周，杂草又开始发芽了；用镰刀割的，花了4天的时间，累得腰酸背疼，终于将杂草清除一空，看上去很干净了，可是没过几天，又有新的杂草冒了出来；喷洒农药的，只是除掉了杂草裸露在地面上的部分，根本无法消灭杂草。几个学生失望地离开了。

4个月过去了，哲学家和学生们又来到了自己辛苦工作过的田地。学生们惊讶地发现，曾经杂草丛生的荒芜田地现在已经变成了一块长满水稻的庄稼地。学生们脸上露出了不解的神情。哲学家微笑着告诉他的学生：要除掉杂草，最好的办法就是在杂草地上种上有用的植物。学生们会心地笑了起来，这确实是一次不寻常的人生之课。

对付懒惰，辛勤劳动才是克敌之道。确实，一心想拥有某种东西，却害怕或不敢或不愿意付出相应的劳动，这是懦夫的表现。无论多么美好的东西，人们只有付出相应的劳动和汗水，才能懂得这美好的东西是多么来之不易，因而愈加珍惜它，人们才能从这种拥有中享受到快乐和幸福，这是一条万古不变的原则。即使是一份悠闲，如果不是通过自己的努力而得来的，那么这份悠闲也并不甜美。不是用自己的劳动和汗水换来的东西，你没有为它付出代价，你就不配享用它。生活就是劳动，劳动就是生活，懒惰将会使人误入失败的深渊。懒惰会使人陷入失败的境地，只有辛勤劳动才能创造生活，给人们带来幸福和欢乐。

任何人只要劳动，就必然要耗费体力和精力，劳动也可能会使人们精疲力竭，但它绝对不会像懒惰一样使人精神空虚、精神沮丧、万念俱灰。马歇尔·霍尔博士认为："没有什么比无所事事、空虚无聊更为有害的了。"那些终日游手好闲、无所事事的人体会不到劳动的快乐，他们的思想是空虚的、生活是单调的，因为天底下最无聊的事情就是无所事事。

斯坦利·威廉勋爵曾说过："一个无所事事的懒惰的人，不管他多么和气、令人尊敬，不管他是一个多么好的人，不管他的名声如何响亮，他过去不可能、现在不可能、将来也不可能得到真正的幸福。生活就是劳动，劳动就是生活，而懒惰将会使人误入失败的深渊。"

勤奋的人，没空去感受痛苦

有句话是："为自己想要的忙碌，如此即无暇担忧你不想要的。"人一生会遇到许多大大小小令人痛苦的事情，如果人能一心专注于自己的梦想，并为自己的梦想辛勤的工作，心无旁骛就无暇感受痛苦，取而代之的是沉浸在辛勤工作带来的喜悦当中。当然这并不是一种麻木地逃避，而是化悲痛为力量的一种行为。当通过自己的辛勤努力获得成功后，获得的喜悦也将会是更大的。

诺贝尔经济学奖得主萨缪尔森说："辛勤的蜜蜂永远没有悲伤的时间。"

宋濂与刘基、高启并称为明初诗文三大家。明朝初立，朝廷礼乐制度多为宋濂所制定。他学识渊博，著作丰富，被朱元璋称为"开国文臣之首"，刘基赞许他"当今文章第一"，四方学者称他为"太史公"。享有如此高的成就与宋濂勤恳苦学的精神是分不开的，宋濂求学时的勤恳艰辛情况大体如此：

宋濂小时候就特别喜爱读书。因为家里贫穷，无法支付额外的买书费用，因此常常向藏书的人家去借书，借来之后就亲手抄写，计算着日期按时送还。天气寒冷的时候，砚池里的墨水都结成坚硬的冰，手指冻得僵硬以致不能弯曲和伸直，但即便如此，宋濂也没有片刻倦怠。抄写完了，就赶快送还，不敢稍稍超过约定的期限。因此有藏书的人都愿意把书借给他，这样他就有机会阅读到很多书。

到了二十来岁的时候，宋濂愈加仰慕古代圣贤的学说，可是担心没有才学渊博的老师和名人相交往请教。为了得到良师益友的指点，宋濂曾经跑到百里以外向同乡有名望的前辈拿着书请教。前辈道德、声望高，其弟子挤满了他的屋子，他从来没有把语言放委婉些，把脸色放温和些。宋濂每每恭敬地站在他旁边，提出疑难，询问道理，弯着身子侧着耳朵请教。有时遇到他斥责人，谨慎的宋濂表情更加恭顺，礼节更加周到，一句话都不敢说；等到他高兴了，就又向他请教。宋濂因此获益良多。

当宋濂出游去拜师求学的时候，背着书籍，拖着鞋子，在深山大谷中奔走，深冬刮着凛冽的寒风，大雪有几尺深，脚上的皮肤冻裂了都不知道。等走到旅舍，宋濂的四肢冻僵了不能动弹，服侍的人拿来热水给他洗手暖脚，拿被子给他盖上，过了很久才暖和过来。在旅馆里，宋濂更是勤勉艰苦，每天只吃两顿饭，没有鲜美的食物可以享受。一起住在旅馆的同学们，都穿着华美的衣服，戴着红缨和宝石装饰的帽子，腰上佩带白玉环，左边佩着刀，右边挂着香袋，闪光耀眼好像仙人。而宋濂却穿着破棉袄旧衣衫生活在他们中间，但毫无羡慕之心。因为宋濂心中有自己的乐趣，所以感觉不到吃穿的享受不如别人了。

锦衣玉食的奢靡生活并不是宋濂所想要的，他一心追求的是迈向学问的高峰，热衷于自己心中乐趣的宋濂又怎么会有空去感受他不需要的东西呢！更无须为这些不需要的东西而感到痛苦。

日本著名企业家松下幸之助说："我小时候，在当学徒的 7 年当中，在老板的教导之下，不得不勤勉学艺，也不知不觉地养成了勤勉的习惯。所以他人视为辛苦困难的工作，而我自己却不觉得辛苦，所以我与他人的看法自然就有差异了。我青年时代始终一贯地被教导要勤勉努力，此乃人生之一大原则。事实上，在这个社会里，有勤勉努力习惯的人，不太被人称赞是尊贵或者伟大，也不会被认为很有价值，因此，我认为大家应该无所顾忌地提升对具有这种良好习惯者的评价，这样才算真正对勤勉习惯的价值有所认识。"

大凡成功者都有这样的感悟，勤劳并不是受罪。"勤劳一日，可得一夜安眠；勤劳一生，可得幸福长眠。"

人生最大的失败不是
我不行，而是我本可以

管他努力有没有回报，拼过才是人生

安德莱耶维奇手拿报纸，坐在沙发上打盹儿。突然，有人急促地敲窗，这使安德莱耶维奇有些不知所措，因为他住在 8 楼，而且他这套房间是没有阳台的。起初，他只当是自己的幻觉。但是，敲窗声再次传来。陡然，窗户自动打开，窗台上显现出一个男子的身影，这人穿着长长的白衬衫。

安德莱耶维奇惊恐地暗想："是个梦游病患者吧，他要把我怎么样？"只见那男子从窗台跳到地板上，背后有两个翅膀摆动了一下。接着，他走到沙发跟前，随便地挨着安德莱耶维奇坐下，说："深夜来访，请您原谅。不过，这是我的工作。有人说，我们天使逍遥自在，终日吃喝玩乐，其实那是胡言乱语。实际上，他对我任意欺压，刻薄着呢。"

安德莱耶维奇一下子没弄懂，问："这个'他'是谁呀？"天使压低声音回答："我告诉你吧，是上帝！""哦，明白了，明白了。那么，上帝或者您，找我有事儿吗？"天使说："您要知道，我是奉他的命令来找您的。我负责分配上帝所赐的东西，也就是智慧。每个人都应该分配到智慧，或多或少罢了。可是昨天我查明，我一时疏忽，您遭到了不公正的对待，也就是说，我忘了分配智慧给您。"

安德莱耶维奇怒气冲冲，从沙发上一跃而起："什么，什么！您

别在该努力的时候，只谈梦想

怎么能够如此粗心大意！快把我应有的一份交给我！别人的我管不着，可我的一份，劳驾，快交给我吧。哼，难道我低人一等？"天使安慰他："我正是为此而来。我完全承认自己的过错。我尽力弥补，为您效劳。我给您送来的，不仅是智慧，而且是大智慧！"天使从怀里取出一只小塑料袋，里面五颜六色，流光溢彩。安德莱耶维奇接过小塑料袋，藏进床头柜的抽屉里，转身说："谢谢您想起了我！要不然，我就会一点智慧也没有、傻头傻脑地混一辈子了！""如今全安排好了！我真为您高兴！现在，您将享受到苦苦怀疑的幸福！""什么，什么？怎样的怀疑？"

"苦苦的怀疑。""这是为什么？非苦不可吗？""那当然。此外，您还将狠狠地摔跤，飞速地升迁。"安德莱耶维奇没听清楚："飞速地升迁？那好哇，还有什么？""狠狠地摔跤！"安德莱耶维奇警觉起来："唔，那么，还会怎么样？""您还会由于暂时不被理解的孤立而感到一种崇高的自豪。"

"暂时不被理解？您不骗人？的确是暂时的吗？""当然，暂时的！不过，这段时间可能比您的一生还长得多，但是您将经常具有一种创造的冲动！"安德莱耶维奇皱眉蹙额地说："创造的冲动？还有什么？您全爽爽快快说出来吧，别折磨人了。""哦，还多着呢。也许，甚至要为所抱的信念而牺牲生命，死而无憾！""一定得……得死吗？""要有充分的思想准备。这是获得人们敬仰的、万世流芳的伟大幸福。"

安德莱耶维奇沉默片刻，使劲地握握天使的手，说："哦，好吧，谢谢您，感谢之至！"等天使飞出窗户，安德莱耶维奇就从抽屉里取出小塑料袋，准备丢进垃圾桶里。

转念一想，又下了楼，走进院子，找了个阴暗角落，把一塑料袋大智慧深深地埋入土中。

总有人要赢，为什么不能是自己

借口是失败的温床。有些人在遇到困境，或者没有按时完成任务时，总是试图找一些借口来为自己辩护，安慰自己，总想让自己轻松些、舒服些。在一个公司里，老板要的是勤奋敬业、不折不扣、认真执行任务的员工。如果一个员工经常迟到早退，对工作马马虎虎，还不时找借口说自己很忙，他是不会赢得老板信任和同事尊重的。

在日常生活中，我们经常会听到这样一些借口：上班迟到，会说"路上塞车"；任务完不成，会说"任务量太大"；工作状态不好，会说"心情欠佳"……我们缺少很多东西，唯独不缺的就是借口。

殊不知，这些看似不重要的借口却为你埋下了失败的祸根。借口让你获得了暂时的原谅和安慰，可是，久而久之，你却丧失了让自己改进的动力和前进的信心，只能在一个个借口中滑向失败的深渊。

刚毕业的女大学生刘闪，由于学识不错，形象也很好，所以很快被一家大公司录用。

刚开始上班时大家对刘闪印象还不错，但没过几天，她就开始迟到早退。领导几次向她提出警告，她总是找这样或那样的借口来

别在该努力的时候，只谈梦想

解释。

　　一天，老总安排她到一所大学送材料，要跑3个地方，结果她仅仅跑了一个就回来了。老总问她怎么回事，她解释说："那所大学好大啊。我在传达室问了几次，才问到一个地方。"

　　老总生气了："这3个单位都是大学里的著名单位，你跑了一下午，怎么会只找到这一个单位呢？"

　　她急着辩解："我真的去找了，不信你去问传达室的人！"

　　老总更有气了："我去问传达室干什么？你自己没有找到单位，还叫老总去核实，这是什么话？"

　　其他员工也好心帮她出主意：你可以打大学的总机问问3个单位的电话，然后分别联系，问好具体怎么走再去；你不是找到其中的一个单位吗？你可以向他们询问其他两家怎么走；你还可以进去之后，问老师和学生……

　　谁知她一点儿也不领同事的好心，反而气鼓鼓地说："反正我已经尽力了……"

　　就在这一瞬间，老总下了辞退她的决心：既然这已经是你尽力之后达到的水平，想必你也不会有更高的水平了。那么只好请你离开公司了！

　　虽然刘闪的举动让很多人难以理解，但像这种遇到问题不去想办法解决而是找借口推诿的人，在生活中并不少见。而他们的命运也显而易见——凡事找借口的人，在社会上绝对站不稳脚跟。

懒人总是有借口

平庸的人之所以平庸，是因为他们总是找出种种理由来欺骗自己。而成功的人，会想尽一切方法来解决困难，而绝不找半点借口让自己退缩。不找任何借口，是每个成功者走向成功的通行证。

任何一个社会似乎都存在两种人：成功者和失败者。根据二八法则，20％的人掌握着社会中80％的财富。什么原因让少数人比多数人更有力量？因为多数人都在找借口。两种人的区别在于：一种是不找借口只找方法的人，另一种是不找方法只找借口的人。而前一种人往往是成功者，后一种人往往是失败者。

须知，成功也是一种态度，整日找借口的人是很难获得成功的。你尽可以悲伤、沮丧、失望、满腹牢骚，尽可以每天为自己的失意找到一千一万个借口，但结果是你自己毫无幸福的感受可言。你需要找到方法走向成功，而不要总把失败归于别人或外在的条件。因为成功的人永远在寻找方法，失败的人永远在寻找借口。一旦找了借口，你就不会冥思苦想地去寻找方法了，而不找方法，就很难走向成功。

在一家名叫凯旋的天线公司，有一天，总裁来到营销部，让员工们针对天线的营销工作各抒己见，畅所欲言。

营销部李部长耷拉着脑袋叹息说："人家的天线三天两头在电视上打广告，我们公司的产品毫无知名度，我看这库存的天线真够呛。"部里的其他人也随声附和。

别在该努力的时候，只谈梦想

总裁脸上布满阴霾，扫视了大伙儿一圈后，把目光停留在进公司不久的大刘身上。总裁走到他面前，让他说说对公司营销工作的看法。

大刘直言不讳地对公司的营销工作存在的弊端提出了个人意见。总裁认真地听着，不时嘱咐秘书把要点记下来。

大刘告诉总裁，他的家乡有十几家各类天线生产企业，唯有001天线在全国知名度最高，品牌最响。其余的都是几十人或上百人的小规模天线生产企业，但无一例外都有自己的品牌。有两家小公司甚至把大幅广告做到001集团的对面墙壁上，敢与知名品牌竞争。

总裁静静地听着，挥挥手示意大刘继续讲下去。

大刘接着说："我们公司的天线今不如昔，原因颇多，但总结起来或许是我们的销售策略和市场定位不对。"

这时候，营销部李部长对大刘的这些似乎暗示了他们工作无能的话表现出了愠色，并不时向大刘投来警告的一瞥，最后不无讽刺地说："你这是书生意气，只会纸上谈兵，尽讲些空道理。现在全国都在普及有线电视，天线的滞销是大环境造成的。你以为你真能把冰推销给因纽特人？"

李部长的话使营销部所有人的目光都投向大刘，有的还窃窃私语。李部长不等大刘"还击"，便不由分说地将了他一军："公司在甘肃那边还有5000套库存，你有本事推销出去，我的位置让你坐。"

大刘朗声说道："现在全国都在搞西部开发建设，我就不信质优价廉的产品连人家小天线厂也不如，偌大的甘肃难道连区区5000套天线也推销不出去？"

几天后，大刘风尘仆仆地赶到了甘肃省兰州市中兴大厦。大厦老总一见面就向他大倒苦水，说他们厂的天线知名度太低，一年多来仅仅卖掉了百来套，还有4000多套在各家分店积压着，并建议大刘去其他商场推销看看。

接下来，大刘跑遍了兰州几个规模较大的商场，有的即使是代销也没有回旋余地，因此几天下来毫无建树。

正在沮丧之际，某报上一则读者来信引起了大刘的关注，信上说那儿的一个农场由于地理位置的关系，买的彩电都成了聋子的耳朵——摆设。

看到这则消息，大刘如获至宝，当即带上10来套天线样品，几经周折才打听到那个离兰州有100多公里的天运农场。信是农场场长写的，他告诉大刘，这里夏季雷电较多，以前常有彩电被雷电击毁，不少天线生产厂家也派人来查，都知道问题出在天线上，可查来查去没有眉目，使得这里的几百户人家再也不敢安装天线了。所以几年来这儿的黑白电视只能看见哈哈镜般的人影，而彩电则只是形同虚设。

大刘拆了几套被雷击的天线，发现自己公司的天线与他们的毫无二致，也就是说，他们公司的天线若安装上去，也免不了重蹈覆辙。大刘绞尽脑汁，把在电子学院几年所学的知识在脑海里重温了数遍，加上所携仪器的配合，终于使真相大白，原因是天线放大器的集成电路板上少装了一个感应元件。这种元件一般在任何型号的天线上都是不需要的，它本身对信号放大不起任何作用，厂家在设计时根本就不会考虑雷电多发地区，没有这个元件就等于使天线成了一个引雷

　　　　　　　　　别在该努力的时候，只谈梦想

装置。它可直接将雷电引向电视机，导致线毁机亡。

找到了问题的症结，一切就可以迎刃而解了。不久，大刘在天线放大器上全部加装了感应元件，并将这种天线先送给场长试用了半个多月。其间曾经雷电交加，但场长的电视机却安然无恙。此后，仅这个农场就订了500多套天线。同时热心的场长还把大刘的天线推荐给存在同样问题的附近5个农林场，又给他销出2000多套天线。

一石激起千层浪，短短半个月，一些商场的老总主动向大刘要货，连一些偏远县市的商场采购员也闻风而动。原先库存的5000余套天线很快售完。

一个月后，大刘返回公司。而这时公司如同迎接凯旋的英雄一样，为他披红挂彩并夹道欢迎。营销部李部长也已经主动辞职，公司正式任命大刘为新的营销部部长。

在这个故事中，大刘成功了，是因为他没有跟着李部长找借口推脱责任，而是积极地寻找解决问题的方法。反之，李部长失败了，因为他只是一味寻找借口，而不去寻找方法，自然要被找方法而不找借口的大刘取而代之。

许多杰出的人都富有开拓和创新精神，他们绝不在没有努力的情况下就事先找好借口。没有任何借口，是每个成功者走向成功的通行证。

怕，就会输一辈子

拒绝"可是"，拒绝借口，你才能找到解决问题的切入点，才能真正认识到自己的能力，而后准确地给自己定位。因为任何"可是"、任何借口，其实都是懒人的托词，它只会慢慢地把你推向失败的旋涡，让你处于一种疲惫且不思进取的状态。只有扔掉"可是"这个借口，你才能挖掘出自己的潜能，闯出属于自己的一片天地。

"我本来可以，可是……"

"我也不想这样，可是……"

"是我做的，可是这不全是我的错……"

"我本来以为……可是……"

行事不顺时，我们都喜欢以"可是"这个借口来推脱责任，却很少有敢于承担后果的勇气，很少去思考解决问题的方法。就这样不断地求助于"可是"，不断地寻找各种各样的借口，糟糕的事情不断发生，生活也就不断地出现恶性循环。须知，唯有扔掉"可是"这个借口，你才能跨出心灵的囚笼，取得意想不到的辉煌成果。

对于很多善于找借口的人来说，从一件事情上入手来尝试着丢掉借口，抓紧时间，集中精力去做好手边的事，结果也许会大不相同。

美国著名教育家、人际关系专家戴尔·卡耐基先生的夫人桃乐西·卡耐基女士，在她训练学生记人名的一节课后，一位女学生跑来找她，这位女学生说："卡耐基太太，我希望你不要指望你能改进我对人名的记忆力，这是绝对办不到的事。"

"为什么办不到呢？"卡耐基夫人吃惊地问道，"我相信你的记忆力会相当棒！"

"可是这是遗传的呀，"女学生回答她，"我们一家人的记忆力全都不好，我爸爸、我妈妈将它遗传给我。因此，你要知道，我这方面不可能有什么更出色的表现。"

卡耐基夫人说："小姐，你的问题不是遗传，是懒惰。你觉得责怪你的家人比用心改进自己的记忆力容易。你不要把这个'可是'当作你的借口，请坐下来，我证明给你看。"

随后的一段时间里，卡耐基夫人专门耐心地训练这位小姐做简单的记忆练习，由于她专心练习，学习的效果很好。卡耐基夫人最终打消了这位小姐认为自己无法将记忆力训练得优于父母的想法。她因此学会了从自己本身找缺点，学会了自己改造自己，而不是找借口。

"可是"是人们回避困难、敷衍塞责的"挡箭牌"，是不肯自我负责的表现，是一种缺乏自尊的生活态度的反映。怎样才能不再找借口，并不是学会说"报告，没有借口"就足够了，而是要按照生活的真实法则去生活，重新寻回你与生俱来但又在成长过程中失去的自尊和责任感。

你改变不了天气，请不要说"可是"，因为你可以调整自己的着装；你改变不了风向，请不要说"可是"，因为你可以调整你的风帆；你改变不了他人，请不要说"可是"，因为你可以改变你自己。所以，面对困难，你可以调整内在的态度和信念，通过积极的行动，消除一切想要寻找借口的想法和心理，成为一个勇于承担责任的人，成为一个不抱怨、不推脱、不"可是"、不为失败找借口的人。

扔掉"可是"这个借口，让你没有退路，没有选择，让你的心灵时刻承载着巨大的压力去拼搏、去奋斗，置之死地而后生。只有这样，你的潜能才会最大限度地发挥出来，成功也会在不远的地方向你招手！

成功的人不会寻找任何借口，他们会坚毅地完成每一项简单或复杂的任务。一个追求成功的人应该确立目标，然后不顾一切地去追求目标，最终达到目标，取得成功。

你连试一下都不敢，却敢谈论成功

冲破人生难关的人一定是一个拒绝说"办不到"的人，在面对别人都不愿正视的问题或者困难时，他们勇于说"行"。他们会竭尽全力、想尽一切方法将问题解决，等待他们的也将是努力后的成果、付出后的收获。

在实际生活中，许多人的困境都是自己造成的。如果你勤奋、肯干、刻苦，就能像蜜蜂一样，采的花越多，酿的蜜也越多，你享受到的甜美也越多。如果你以"办不到"来搪塞，不知进取，不肯付出半点辛劳，遇到一点困难就退缩，那么你就永远也品尝不到成功的喜悦。

失败者的借口通常是"我能力有限，我办不到"。他们将失败的理由归结为不被人垂青，好职位总是让他人捷足先登。那些意志坚强的人则绝不会找这样的借口，他们不等待机会，也不向亲友们哀求，而是靠自己的勤奋努力去创造机会。他们深知唯有自己才能拯救自

别在该努力的时候，只谈梦想

己，他们拒绝说"办不到"。

文杰在一家大型建筑公司任设计师，常常要跑工地，看现场，还要为不同的客户修改工程细节，异常辛苦。但她仍主动地做，毫无怨言。

虽然她是设计部唯一的女性，但她从不因此逃避重体力的工作。该爬楼梯就爬楼梯，该到野外就勇往直前，该去地下车库也是二话不说。她从不感到委屈，反而挺自豪，她经常说："我的字典里没有'办不到'这3个字。"

有一次，老板安排她为一名客户做一个可行性的设计方案，时间只有3天，这是一件很难做好的事情。接到任务后，文杰看完现场，就开始工作了。3天时间里，她都在一种异常兴奋的状态下度过。她食不知味，寝不安枕，满脑子都想着如何把这个方案弄好。她到处查资料，虚心向别人请教。

3天后，她虽然眼里布满了血丝，但还是准时把设计方案交给了老板，得到了老板的肯定。

后来，老板告诉她："我知道给你的时间很紧，但我们必须尽快把设计方案做出来。如果当初你不主动去完成这个工作，我可能会把你辞掉。你表现得非常出色，我最欣赏你这种工作认真、积极的人。"

因做事积极主动、工作认真，文杰已经成为公司的红人。老板不但提升了她，还将她的薪水翻了3倍。把"办不到"这3个字常常挂在嘴边，其实是在处处为自己寻找借口。事实上，世上之事，不怕办不到，只怕拿借口来取代方法。

这个故事告诉我们，自己的命运掌握在自己手中。只要你勤奋、肯干，积极寻找问题的答案，而不是一味地给自己找借口、推脱责任，你就会品尝到成果所带来的喜悦感。

很多人遇到困难不知道去努力解决，而只是想找借口推卸责任，这样的人很难成为优秀的人。许多成功者，他们都有一个共同的特点——勤奋。在这个世界上，勤奋的人面对问题善于主动找方法。勤奋的人拒绝找借口说"办不到"，勤奋的人最易走向成功。

横跨曼哈顿和布鲁克林之间河流的布鲁克林大桥是个地地道道的机械工程奇迹。1883 年，富有创造精神的工程师约翰·罗布林雄心勃勃地意欲着手这座雄伟大桥的设计，然而桥梁专家们却劝他趁早放弃这个"天方夜谭"般的计划。罗布林的儿子，华盛顿·罗布林，一个很有前途的工程师，确信大桥可以建成。父子俩构思着建桥的方案，琢磨着如何克服种种困难和障碍。他们设法说服银行家投资该项目，之后，他们怀着不可遏制的激情和无比旺盛的精力组织工程队，开始建造他们梦想中的大桥。然而在大桥开工仅几个月后，施工现场就发生了灾难性的事故。约翰·罗布林在事故中不幸身亡，华盛顿的大脑严重受伤，无法讲话，也不能走路了。谁都以为这项工程会因此而泡汤，因为只有罗布林父子才知道如何把这座大桥建成。然而，尽管华盛顿·罗布林丧失了活动和说话的能力，但他的思维还同以往一样敏捷。一天，他躺在病床上，忽然想出一种和别人进行交流的方式。他唯一能动的是一根手指，于是他就用那根手指敲击他妻子的手臂，通过这种密码方式，由妻子把他的设计和意图转达给仍在建桥的工程师们。整整 13 年，华盛顿就这样用一根手指发号施令，直到雄伟壮观的布鲁克林大桥最终建成。

"办不到"是许多人最容易寻找的借口，它体现出了一个人所具有的自卑感和怯懦性，这种缺乏自信的人能否做出出色的事情呢？答案恐怕只有一个："只要有借口存在，他永远不可能出色。"一个人只有拒绝说"办不到"，他才会显出与别人不同的工作精神和态度，从而成就出色的事业。

如果不曾努力，凭什么要求结果

再妙的借口对于事情本身也没有用处。许多人之所以屡遭失败，就是因为一直在寻找麻醉自己的借口。

没有任何借口，没有任何抱怨，职责就是他一切行动的准则。

不找任何借口看似冷漠，缺乏人情味，但它可以激发一个人最大的潜能。无论你是谁，在人生中，无须找任何借口，失败了也罢，做错了也罢，再妙的借口对于事情本身也没有用处。

不寻找借口，就是永不放弃；不寻找借口，就是锐意进取……要成功，就要保持一颗积极、绝不轻易放弃的心，尽量发掘出周围人或事物最好的一面，从中寻求正面的看法，让自己能有向前走的力量。即使最终失败了，也能汲取教训，把失败视为向目标前进的踏脚石，而不要让借口成为我们成功路上的绊脚石！所以，千万不要找借口！把寻找借口的时间和精力用到努力工作中，成功属于那些不寻找借口的人！

对于企业来说，这更应该是始终坚守的理念。企业需要没有借口的员工，而有些人把宝贵的时间和精力放在了如何寻找一个合适借口上，而忘记了自己的责任。这样的人，在企业里不会成为称职的员工，在社会上不是大家可信赖和尊重的人。这样的人，注定只能是一事无成的失败者。

当自己犯下错误，甚至自己毫无过错，而上司、同事、家人、朋友、客户却有抱怨的时候，不需要去争辩，应当用心去倾听，认真去反思为什么会出现这样那样的情况，反求诸己，有则改之，无则加勉。

一旦养成了找借口的习惯，你的工作就会没有效率。抛弃找借口的习惯，你就不会为工作中出现的问题而沮丧，甚至你可以在工作中学会大量的解决问题的技巧，这样，借口就会离你越来越远，而成功离你越来越近。

借口，是拖延的温床。不找借口，就意味着拒绝拖延，今天的事今天做。

只为成功找方法，不为问题找借口

制造托词来解释失败，这已是普遍性的问题。这种习惯与人类的历史一样古老，这是成功的致命伤！制造借口是人类本能的习惯，这种习惯是难以打破的。柏拉图说过："征服自己是最大的胜利，被自己征服是最大的耻辱和邪恶。"

顾凯在担任云天缝纫机有限公司销售经理期间，曾面临一种极

别在该努力的时候，只谈梦想

为尴尬的情况：该公司的财务发生了困难。这件事被负责推销的销售人员知道了，他们因此失去了工作的热忱，销售量开始下跌。到后来，情况更为严重，销售部门不得不召集全体销售员开一次大会。全国各地的销售员皆被召去参加这次会议，顾凯主持了这次会议。

首先，他请手下最佳的几位销售员站起来，要他们说明销售量为何会下跌。这些被叫到名字的销售员一一站起来以后，每个人都有一个冠冕堂皇的理由：商业不景气、资金短缺、物价上涨等。

当第 5 个销售员开始列举使他无法完成销售配额的种种困难时，顾凯突然跳到一张桌子上，高举双手，要求大家肃静。然后，他说道："停止，我命令大会暂停 10 分钟，让我把我的皮鞋擦亮。"

然后，他命令坐在附近的一名小工友把他的擦鞋工具箱拿来，并要求这名工友把他的皮鞋擦亮，而他就站在桌子上不动。

在场的销售员都惊呆了，都以为顾凯疯了，人们开始窃窃私语。这时，只见那位小工友先擦亮他的第一只鞋子，然后又擦另一只鞋子，他不慌不忙地擦着，表现出第一流的擦鞋技巧。

皮鞋擦亮之后，顾凯给了小工友 1 元钱，然后发表他的演说。

他说："我希望你们每个人，好好看看这个小工友。他的前任的年纪比他大得多，尽管公司每周补贴他 200 元的薪水，而且工厂里有数千名员工，但他仍然无法从这个公司赚取足以维持他生活的费用。可是这位小工友不仅不需要公司补贴薪水，还可以赚到相当不错的收入。现在我问你们一个问题，那个前任拉不到更多的生意，是谁的错？是他的错，还是顾客的错？"

那些推销员不约而同地大声说："当然了，是那个前任的错。"

"正是如此，"顾凯回答说，"现在我要告诉你们，你们现在推销缝纫机和一年前的情况完全相同：同样的地区、同样的对象以及同样的商业条件。但是，你们的销售成绩却比不上一年前。这是谁的错？是你们的错，还是顾客的错？"

　　同样又传来如雷般的回答："当然，是我们的错。"

　　"我很高兴，你们能坦率地承认自己的错误，"顾凯继续说，"只要你们回到自己的销售地区，并保证在以后30天内，每人卖出5台缝纫机，那么，本公司就不会再发生任何财务危机。你们愿意这样做吗？"

　　大家都说"愿意"，后来果然也办到了。

　　卓越的人必定是重视找方法的人。他们相信凡事必有方法去解决，而且能够解决得更完美。事实也一再证明，看似极其困难的事情，只要用心寻找方法，必定会成功。真正杰出的人只为成功找方法，不为问题找借口，因为他们懂得：寻找借口，只会使问题变得更棘手、更难以解决。

只要精神不滑坡，方法总比问题多

　　俗话说："山不转，路转；路不转，人转。"的确，天无绝人之路，遇到问题时，只要肯找方法，上天总会给有心人一个解决问题、取得成功的机会。

人们都渴望成功，那么，成功有没有秘诀？其实，成功的一个很重要的秘诀就是寻找解决问题的方法。俗话说："没有笨死的牛，只有愚死的汉。"任何成功者都不是天生的，只要你积极地开动脑筋，寻找方法，终会"守得云开见月明"。

世间没有死胡同，就看你如何寻找方法，寻找出路。且看下面故事中的林松是如何打破人们心中"愚"的瓶颈，从而成功找到出路的。

有一年，山丘市经济萧条，不少工厂和商店纷纷倒闭，商人们被迫贱价抛售自己堆积如山的存货，价钱低到1元钱可以买到10条毛巾。

那时，林松还是一家纺织厂的小技师。他马上用自己积蓄的钱收购低价货物，人们见到他这样做，都嘲笑他是个蠢材。

林松对别人的嘲笑一笑置之，依旧收购抛售的货物，并租了很大的货仓来贮存。

母亲劝他不要购买这些别人廉价抛售的东西，因为他们历年积蓄下来的钱数量有限，而且是准备给林松办婚事用的。如果此举血本无归，那么后果便不堪设想。

林松安慰她说：3个月以后，我们就可以靠这些廉价货物发大财了。

林松的话似乎兑现不了。

过了10多天后，那些商人即使降价抛售也找不到买主了，他们便把所有存货用车运走烧掉。

他母亲看到别人已经在焚烧货物，不由得焦急万分，便抱怨起林松。对于母亲的抱怨，林松一言不发。

终于，政府采取了紧急行动，稳定了山丘市的物价，并且大力支持那里的经济复苏。

这时，山丘市因焚烧的货物过多，商品紧缺，物价一天天飞涨。林松马上把自己库存的大量货物抛售出去，一来赚了一大笔钱，二来使市场物价得以稳定，不致暴涨不断。

在他决定抛售货物时，他母亲又劝告他暂时不忙把货物出售，因为物价还在一天一天飞涨。

他平静地说："是抛售的时候了，再拖延一段时间，就会后悔莫及。"

果然，林松的存货刚刚售完，物价便跌了下来。

后来，林松用这笔赚来的钱，开设了5家百货商店，商店的生意十分兴隆。

面对问题，成功者总是比别人多想一点。

老王是当地颇有名气的水果大王，尤其是他的高原苹果色泽红润，味道甜美，供不应求。有一年，一场突如其来的冰雹把将要采摘的苹果砸开了许多裂口，这无疑是一场毁灭性的灾难。然而面对这样的问题，老王没有坐以待毙，而是积极地寻找解决这一问题的方法。不久，他便打出了这样一则广告，并将之贴满了大街小巷。

广告上这样写道："亲爱的顾客，你们注意到了吗？在我们的脸上有一道道伤疤，这是上天馈赠给我们高原苹果的吻痕——高原常有冰雹，只有高原苹果才有美丽的吻痕。味美香甜是我们独特的风味，那么请记住我们的正宗商标——伤疤！"

从苹果的角度出发，让苹果说话，这则妙不可言的广告再一次使老王的苹果供不应求。

世上无难事，只怕有心人。面对问题，如果你只是沮丧地待在屋子里，便会有禁锢的感觉，自然找不到解决问题的正确方法。如果将你的心锁打开，开动脑筋，勇敢地走出自己固定思维模式的枷锁，你将收获很多。

只有走不通的路，没有想不通的人

是真的没办法吗，还是我们根本没有好好动脑筋想新方法？事实上，只要我们用一种大的视野、一种综观全局的胸怀来看待问题，用一种灵动多变的思考方式、一种随机应变的智慧去分析判断问题，就不会找不到解决问题的新方法。

"实在是没办法！"

"一点儿办法也没有！"

这样的话，你是否熟悉？你的身边是否经常有这样的声音？

当你向别人提出某种要求时，得到这样的回答，你是不是觉得很失望？

当你的上级给你下达某个任务，或者你的同事、顾客向你提出某个要求时，你是否也会这样回答？

当你这样回答时，你是否能够体会到别人对你的失望？一句"没办法"，我们似乎为自己找到了可以不做的理由。是真的没办法吗？只有暂时没有找到解决困难的办法，而没有解决不了的困难。一句"没办法"，浇灭了很多创造的火花，阻碍了我们前进的步伐！是真的没办法吗，还是我们根本没有好好动脑筋想办法？发动机只有发动起来才会产生动力，同样，想办法才会有办法！下面的故事就给我们以新的启迪。

一家位于市内商业闹市区、开业近 2 年的美容店，吸引了附近一大批稳定的客户。每天店内生意不断，美容师难得休息，加上店老板经营有方，每月收入颇丰，利润可观。但由于经营场所限制，始终无法扩大经营，该店老板很想增开一家分店，可此店开业不长，资金有限，还不够另开一间分店。

店老板苦思冥想，如何才能筹集到开分店的启动资金呢？他突然想到，平时不是有不少熟客都要求美容店打折优惠吗？自己都是很爽快地打了 9 折优惠，为什么不在优惠方式上创新一下呢？他灵机一动，推出 10 次卡和 20 次卡：一次性预收客户 10 次美容的钱，对客户给予 8 折优惠；一次性预收客户 20 次的钱，给予 7 折优惠。对于客户来讲，如果不购买美容卡，一次美容要 40 元；如果购买 10 次卡（一次性支付 320 元，即 10 次 ×40 元 / 次 ×0.8=320 元），平均每次只要 32 元，10 次美容可以省下 80 元；如果购买 20 次卡（一次性支付 560 元，即 20 次 ×40 元 / 次 ×0.7=560 元），平均每次美容只要 28 元，20 次美容可以省下 240 元。

通过这种优惠让利活动，吸引了许多新、老客户购买美容卡，结果大获成功。两个月内，该店共收到美容预付款达 7 万元，解决了开办分店的资金问题，同时也拥有了一批固定的客源。

别在该努力的时候，只谈梦想

就是用这种办法，店老板先后开办了 5 家美容分店。

有一位智者说，这个世界上有两种人：

一种人是看见了问题，然后界定和描述这个问题，并且抱怨这个问题，结果自己也成为这个问题的一部分。

另一种人是观察问题，并立刻开始寻找解决问题的办法，结果在解决问题的过程中自己的能力得到了锻炼，品位也得到了提升。

你愿意成为问题的一部分，还是成为解决问题的人？这个选择决定了你是一个推动公司发展的关键员工，还是一个拖公司后腿的问题员工。

在一次企业管理培训课上，一位蛋糕店的老板陈先生和大家一起分享了他的创业经验。他深有感触地说："我很幸运，拥有一位善于找方法解决问题的员工。那次如果没有她，我的店很可能早就关门了。"

原来，陈老板开了一家蛋糕店。这个行业竞争本来就十分激烈，加上陈老板当初在选择店址上有些小小的失误，开在了一个比较偏僻的胡同里。因此，自从蛋糕店开张后，生意一直不好，不到半年，就支撑不下去了。面对收支严重失衡的状况，陈老板无奈地想结束生意。这时，店里负责卖糕点的一个女员工给他提了一个建议。

原来，这个员工在卖蛋糕的时候曾经碰到过一个女客人想给男朋友买一个生日蛋糕。当这个员工问她想在蛋糕上写些什么字的时候，女客人嗫嚅了半天才不好意思地说："我想写上'亲爱的，我爱你'。"

员工一下子明白了女客人的心思，原来她想写一些很亲热的话，又不好意思让旁人知道。有这种想法的客人肯定不止一位。现在，各个蛋糕店的祝福词都是千篇一律的"生日快乐""幸福平安"之类，为何不尝试用点特别的祝福语？

于是，这个员工送走女客人后，就向陈老板建议："我们店里糕点师用来在蛋糕上写字的专用工具，可不可以多进一些呢？只要顾客来买蛋糕，就赠送一支，这样客人就可以自己在蛋糕上写一些祝福语，即使是隐私的话也不怕被人看到了。"

一开始，陈老板并没有将这个创意太当回事，只是抱着尝试的心理同意了，并做了一些简单的宣传。没想到，在接下来的一个星期中，顾客比平时增加了 2 倍，每个客人都是冲着那支可以在蛋糕上写字的笔来的。

陈老板说："从那以后，我的生意简直可以用奇迹来形容。我本来都做好关门的心理准备了，没想到我的店员帮了我大忙。现在，她成了我的左膀右臂，好主意层出不穷，我觉得蛋糕店都离不开她了。"

西方流传着一句十分有名的谚语，叫作：Use your head——请动动脑筋。许多成功者一生都在遵循着这句话，解决了很多被认为是根本解决不了的问题。在现代社会，每个人都在想尽一切办法来解决生活中的一切问题，而且，最终的强者也将是善于寻找新方法的那部分人。

与其在等待中枯萎，不如在行动中绽放

美国人常常讥笑那些随便找借口的人说："狗吃了你的作业。"借口是拖延的温床，习惯找借口的人总会找出一些借口来安慰自己，总想让自己轻松一些、舒服一些。这样的人，不可能成为称职的员工，要知道，老板安排你这个职位，是为了解决问题，而不是听你关于困难的分析。不论是失败了，还是做错了，再好的借口对于事情本身也是没有丝毫用处的。

许多人都可能会有这样的经历，清晨闹钟将你从睡梦中惊醒，你虽然知道该起床了，可就是躺在温暖的被窝里不想起来——结果上班迟到，你会对上司说你的闹钟坏了。

又一次，你上班迟到，明明是你躺在被窝里不起来，却说路上塞车。

糊弄工作的人是制造借口的专家，他们总能以种种借口来为自己开脱，只要能找借口，就毫不犹豫地去找。这种借口带来的唯一"好处"，就是让你不断地为自己去寻找借口，长此以往，你可能就会形成一种寻找借口的习惯，任由借口牵着你的鼻子走。这种习惯具有很大的破坏性，它使人丧失进取心，让自己松懈、退缩甚至放弃。在这种习惯的作用下，即使是自己做了不好的事，你也会认为是理所当然的。

一旦养成找借口的习惯，你的工作就会拖拖拉拉，没有效率，做起事来就往往不诚实。这样的人不可能是好员工，也不可能有完美的人生。

罗斯是公司里的一位老员工了，以前专门负责跑业务，深得上司的器重。只是有一次，他把公司的一笔业务"丢"了，造成了一定的损失。事后，他很合情合理地解释了失去这笔业务的原因。那是因为他的脚伤发作，比竞争对手迟到半个钟头。以后，每当公司要他出去联系有点棘手的业务时，他总是以他的脚不行，不能胜任这项工作为借口而推诿。

罗斯的一只脚有点轻微的跛，那是一次出差途中出了车祸引起的，留下了一点后遗症，根本不影响他的形象，也不影响他的工作，如果不仔细看，是看不出来的。

第一次，上司比较理解他，原谅了他。罗斯很得意，他知道这是一宗比较难办的业务，他庆幸自己的明智，如果没办好，那多丢面子啊。

但如果有比较好揽的业务时，他又跑到上司面前，说脚不行，要求在业务方面有所照顾，比如就易避难，趋近避远，如此种种，他大部分的时间和精力都花在如何寻找更合理的借口身上。碰到难办的业务能推的就推，好办的差事能争就争。时间一长，他的业务成绩直线下滑，没有完成任务他就怪他的脚不争气。总之，他现在已习惯因脚的问题在公司里可以迟到，可以早退，甚至工作餐时，他还可以喝酒，因为喝点酒可以让他的脚舒服些。

现在的老板，有谁愿意要这样一个时时刻刻找借口的员工呢？罗斯被炒也是情理之中的事。善于找借口的员工往往就像罗斯一样，因为糊弄自己的工作而"糊弄"了自己。

因此，要成功就不要找借口。不要害怕前进路上的种种困难，不要为自己的平庸寻找种种托词，也不要为自己的失败解释种种原因，抛开借口，勇往直前，你就能激发出巨大潜能，从而在前进的路上，披荆斩棘，直抵成功。

别在该努力的时候，只谈梦想

第三章

你自以为的极限，
其实只是别人的起点

给自己定一个终生目标

志存高远，执着追求，是一切成功者的共同特征。

放眼古今中外，无数杰出人士都具有远大的终生目标。汉司马迁一生著《史记》，"欲究天人之际，成一家之言"；鲁迅"横眉冷对千夫指，俯首甘为孺子牛"，用一支笔为同胞呐喊终生。

有一年，一群踌躇满志、意气风发的天之骄子从哈佛大学毕业了，他们的智力、学历、环境条件都相差无几。临出校门，哈佛对他们进行了一次关于人生目标的调查。结果是这样的：

27%的人，没有目标；60%的人，目标模糊；10%的人，有清晰但比较短期的目标；3%的人，有清晰而长远的目标。

25年后，哈佛再次对这群学生进行了跟踪调查。结果是这样的：

3%的人，25年间他们朝着一个方向不懈努力，几乎都成为社会各界的成功之士，其中不乏行业领袖、社会精英；

10%的人，他们的短期目标不断实现，成为各个领域中的专业人士，大都生活在社会的中上层；

60%的人，他们安稳地生活与工作，但都没有什么特别的成绩，几乎都生活在社会的中下层；

剩下27%的人，他们的生活没有目标，过得很不如意，并且常常在埋怨他人、抱怨社会、抱怨这个"不肯给他们机会"的世界。

其实，他们之间的差别仅仅在于25年前，他们中的一些人知道自己的人生目标，而另外一些人则不清楚或不很清楚。

在生命中一个没有目标的人，很容易受到一些微不足道的诸如忧虑、恐惧、烦恼和自怜等情绪的困扰。所有这些情绪都是软弱的表现，都将导致无法回避的过错、失败、不幸和失落。因为在一个权力扩张的世界里，软弱是不可能保护自己的。

一个人应该在心中树立一个目标，然后着手去实现它。他应该把这一目标作为自己思想的中心。这一目标可能是一种精神理想，也可能是一种世俗的追求，这当然取决于他此时的本性。但无论是哪一种目标，他都应将自己思想的力量全部集中于他为自己设定的目标上面。他应把自己的目标当作至高无上的任务，应该全身心地为它的实现而奋斗，而不允许他的思想因为一些短暂的幻想、渴望和想象而迷路。

终生目标应该是一个人终生所追求的固定的目标，生活中其他的一切事情都围绕着它而存在。

为了找到或找回你人生的主要目标，年轻朋友可以问自己几个问题，比如：

我想在我的一生中成就何种事业？

临终之时回顾往事，一生中最让我感到满足的是什么？

在我的日常生活中哪一类的成功最使我产生成就感？

我最热爱的工作是什么？

如果把它作为自己终生的事业，怎样做到在有利于自己的同时，也对别人有帮助？

我有哪些特殊的才能和禀赋？

我周围有些什么资源可以帮助我实现自己的目标？

除此之外，我还需要什么才能实现自己的目标？

有没有什么职业是我内心觉得有一种声音在驱使我去做的，而且它同时也会让我在物质上获得成功？

阻碍我实现自己目标的因素又有哪些？

我为什么没有现在去行动，而是仍然在观望？

要行动，那么，第一步该做什么？

年轻朋友们，认真、慎重地思考上述问题，你会发现，它们对寻找、定位自己的远大目标，将有切实的帮助。

努力找到我们的终生目标吧，它是人生永远不会枯竭的原动力。

要有效努力，不要看起来很努力

古人说："千里之行，始于足下。"我们青少年在设定终生目标后，应该将目标分成几个可以实现的小目标，然后为每一个小目标规定切实可行的期限，这样，从一开始我们就能看到成功，有利于自信心的不断提高。这有点类似于远征，通过一步一步地走，一段一段地走，最终到达目的地。每走完一段路，离目标更近，自信心也就更强。

我们每一天都应问自己：

现在在人生之中算是一个什么样的时期，是不是符合发展目标？每天都在做什么，得到的是不是现在最想要的或是最应该得到的？明天应该做什么，下一步应该做什么，要为完成目标准备些什么？手里的东西是否可以放下，是否真的愿意……

几十年前，一个在贫民窟长大的、身体瘦弱的穷小子，却在日记里立志长大后要做美国总统。但如何能实现这样宏伟的抱负呢？年纪轻轻的他，经过几天几夜的思索，拟定了这样一系列的连锁目标：

　　做美国总统首先要做美国州长，要竞选州长必须得到有雄厚财力财团的支持，要获得财团的支持就一定得融入财团，要融入财团最好娶一位豪门千金，要娶一位豪门千金必须成为名人，成为名人的快速方法就是做电影明星，做电影明星的前提需要练好身体、练出阳刚之气。

　　按照这样的思路，他开始一步步地走下去。一天，当他看到著名的体操运动主席库尔后，他相信练健美是强身健体的好点子，因而萌生了练健美的兴趣。他开始刻苦而持之以恒地练习健美，他渴望成为世界上最结实的壮汉。3年后，借着发达的肌肉，一身雕塑似的体魄，他开始成为健美先生。

　　在以后的几年中，他囊括了欧洲、世界、奥林匹克的健美先生。在22岁时，他踏入了美国好莱坞。在好莱坞，他花了10年时间，利用在体育方面的成就，一心去表现坚强不屈、百折不挠的硬汉形象。终于，他在演艺界声名鹊起。当他的电影事业如日中天时，女友的家庭在他们相恋9年后，也终于接纳了这位"黑脸庄稼人"。他的女友就是赫赫有名的肯尼迪总统的侄女。

　　婚姻生活恩爱地过去了十几个春秋。他与太太生育了4个孩子，建立了一个"五好"的典型家庭。2003年，年逾57岁的他，告老退出了影坛，转为从政，成功地竞选成为美国加州州长。

　　他就是阿诺德·施瓦辛格。

　　如同施瓦辛格一样，渴望杰出的青少年每天都应知道下一步要做什么。

你需要有一个详细的个人发展计划。这个计划可以是一个 5 年的计划，也可以是一个 10 年、20 年的计划。不管是属于何种时间范围的计划，它至少应该能够回答如下问题：

1. 我要在未来 5 年、10 年或 20 年内实现什么样的一些职业或个人的具体目标？

2. 我要在未来 5 年、10 年或 20 年内挣到多少钱或达到何种程度的挣钱能力？

3. 我要在未来 5 年、10 年或 20 年内有什么样的一种生活方式？

著名的潜能开发专家安东尼·罗宾曾提出如下建议，相信对我们大有裨益：

好好计划每一天的生活。你希望和谁在一起呢？你要做什么？你要如何开始这一天？你要朝哪一个方向发展？你要得到什么样的结果？希望你从起床开始，一直到上床，全天都有妥当的计划。

青少年朋友，别忘了，你所有的结果与行为都来自内心的构思，因此就照你所期望的方式，好好计划你的每一天吧！

没有行动的梦想，永远难以实现

有一个很落魄的青年人，每隔三两天就到教堂祈祷，而他的祷告词几乎每次都相同。

第一次，他来到教堂跪在圣坛前，虔诚地低语："上帝啊，请念在我多年敬畏您的分上，让我中一次彩票吧！"

几天后，他又垂头丧气地来到教堂，同样跪着祈祷："上帝啊，为何不让我中彩呢？请您让我中一次彩票吧！"又过了几天，他再次去教堂，同样重复他的祈祷。如此周而复始，不间断地祈求着，直到最后一次，他跪着说："我的上帝，为何您听不到我的祈求？让我中彩票吧！只要一次就够了……"就在这时，圣坛上突然发出了一个洪亮的声音："我一直在垂听你的祷告，可是，最起码你也应该先去买一张彩票吧！"

这个故事告诉我们，一旦有了梦想，就必须用行动去实现梦想。如果有梦想而没有努力，有愿望而不能拿出力量来实现愿望，这是不足以成事的。只有下定决心，历经学习、奋斗、成长，才有资格摘下成功的甜美果实。

而大多数的人，开始时都拥有很远大的梦想，只是他们从未采取行动去实现这些梦想，缺乏决心与实际行动的梦想于是开始萎缩，种种消极与不可能的思想衍生，甚至于就此不敢再存任何梦想，过着随遇而安、乐天知命的平庸生活。

这也是为何成功者总是占少数的原因。

英国前首相本杰明·笛斯瑞利曾指出，虽然行动不一定能带来令人满意的结果，但不采取行动就绝无满意的结果可言。

因此，如果你想取得成功，就必须先从行动开始。一个人的行为影响他的态度，行动能带来回馈和成就感，也能带来喜悦。

天下最可悲的一句话就是："我当时真应该那么做，但我没有那么做。"经常会听到有人说："如果我当年就开始那笔生意，早就发财了！"一个好创意胎死腹中，真的会叫人叹息不已，永远不能忘怀。如果真的彻底施行，当然就有可能带来无限的满足。

年轻朋友，你现在已经有一个好愿望、想到一个好创意了吗？如果有，马上行动。

将一个愿望真正地落实到行动上，应遵循以下原则：

1. 做好各种准备工作，考察愿望是否切实可行。

2. 制定每年、每月、每日的行动步骤表，按计划去做。

3. 安排好行动计划的轻重缓急、先后次序。

4. 行动方案应明晰化、细致化，这样落实起来，才能到位，才能更有效率。

不给自己设限，你的能量超乎你的想象

什么样的理想，将决定你成为什么样的人。远大的目标是成功的磁石。

被誉为"发明之父"的爱迪生，小时候只上了几个月的学，就被老师辱骂为愚蠢糊涂的低能儿而退学了。爱迪生为此十分伤心，他痛哭流涕地回到家中，要妈妈教他读书，并语出惊人地说："长大了一定要在世界上做一番事业。"这句话出自当时被认为是愚钝儿的爱迪生之口，未免显得荒唐可笑。但是，正是由于爱迪生自小就确立了一个远大志向，惊人的目标使他越过前进道路上的坎坎坷坷，成为举世闻名的发明家。

要成功就要设定目标，没有目标是不会成功的。目标就是方向，就是成功的彼岸，就是生命的价值和使命。

志当存高远，是著名政治家和军事家诸葛亮的一句名言。诸葛亮在青年时代就具备了远大的志向，在未出茅庐之前就自比管仲、乐毅，就想干一番大事业。远大的志向加上良好的机遇，使他成就了一番伟业。

著名作家高尔基说过："我常常重复这一句话：一个人追求的目标越高，他的能力就发展得越快，对社会就越有益。我确信这是个真理。这个真理是我的全部生活经验，是我观察、阅读、比较和深思熟虑了一切之后才确定下来的。"高尔基用自己的一生验证了自己的这段名言。

钢铁大王卡内基原本是一家钢铁厂的工人，但他凭着制造及销售比其他同行更高品质的钢铁的明确目标，而成为全美最富有的人之一，并且有能力在全美国小城镇中捐资盖图书馆。

谚语云："如果你只想种植几天，就种花；如果你只想种植几年，就种树；如果你想流传千秋万世，就种植观念！"

对于你来说，你的过去或现在是什么样并不重要，你将来想要获得什么成就才是最重要的。你必须对你的未来怀有远大的理想，否则你就不会做成什么大事，说不定还会一事无成。

理想是同人生奋斗目标相联系的有实现可能的想象，是人的力量的源泉，是人的精神支柱。如果没有理想，岁月的流逝只意味着年龄的增长。

有了远大的理想，还要有看得清、瞄得着的射击靶。目标必须是明晰的、具体的、现实的、可以操作的，当然，这是为理想服务的短期目标。只有实现一个个短期目标，才能筑起成功的大厦。

一位美国的心理学家发现，在为老年人开办的疗养院里，有一种现象非常有趣：每当节假日或一些特殊的日子，像结婚周年纪念日、生日等来临的时候，死亡率就会降低。他们中有许多人为自己立下一个目标：要再多过一个圣诞节、一个纪念日、一个国庆日等。等这些日子一过，心中的目标、愿望已经实现，继续活下去的意志就变得微弱了，死亡率便立刻升高。生命是可贵的，并且只有在它还有一些价值的时候去做应该做的事，去实现自己的目标，人生才会有意义。

要攀到人生山峰的制高点，当然必须要有实际行动，但是首要的是找到自己的方向和目的地。如果没有明确的目标，更高处只是空中楼阁，望不见更不可及。如果我们想要使生活有突破，到达很新且很有价值的目的地，首先一定要确定这些目的地是什么。只有设定了目的地，人生之旅才会有方向、有进步、有终点、有满足。

明白了你的命运来自你的奋斗目标，就会给自己一个希望，就在你的内心祈祷，你对自己说：我一定要做个伟大的人。只要你这样想这样做，你就一定会像你所想象的那样，成为一个伟大的人。

让我们为自己找一个梦想，树立一个目标吧，人生因有远大的目标而伟大！

别在该努力的时候，只谈梦想

你不努力，连羡慕别人都会感到惭愧

你需要一个强有力的渴望，才能让你走上另一台阶。

我们要有对成功的强烈渴望，要有"我一定要成功"的信念，而不是"我想成功"。企图心是一种一定要得到的心态，是一定要的决心。只要我们下定决心，并且为这个决心负责，为这个决心全力以赴，成功离我们就很近了。

美国的圣伊德罗牧马场上，一大群孩子正在游戏，牧马场的主人希尔·卡洛斯来到他们中间。他对孩子们说："知道我为什么要邀请你们来我的牧场吗？我要向你们讲述一个故事，故事的主人公同样也是一个孩子。"

孩子的父亲，是一位巡回驯马师。驯马师终年奔波，从一个马厩到另一个马厩，从一条赛道到另一条赛道，从一个农庄到另一个农庄，从一个牧场到另一个牧场，训练马匹。其结果是，儿子的中学学业不断地被扰乱。当他读到高中，老师要他写一篇作文，说说长大后想当一个什么样的人，做什么样的事。那天晚上，他写了一篇长达 7 页的作文，描绘了他的目标：有一天，他要拥有自己的牧场。在文中他极尽详细地描述自己的梦想，他甚至画出了一张 200 英亩大的牧场平面图，在上面标注了所有的房屋，还有马厩和跑道。然后他为他的 4000 平方英尺的房子画出细致的楼面布置图，那房子就立在那个 200 英亩的梦想牧场。

他将全部的心血，倾注到他的计划中。第二天，他将作文交给了老师。两天后，老师将批改后的作文发给了他。在第一页上，老师用红笔批了一个大大的"F"（最低分），附了一句评语："放学后留下来。"

心中有梦的男孩放学后去问老师："为什么我只得了'F'？"老师说："对你这样的孩子，这是一个不切实际的梦想。你没有钱。你来自一个四处漂泊、居无定所的家庭。你没有经济来源，而拥有一个牧场是需要很多钱的，你得买地，你得花钱买最初用以繁殖的马匹，然后，你还要因育种而花大量的钱，你没有办法做到这一切。"最后老师加了一句，"如果你把作文重写一遍，将目标定得更现实一些，我会考虑重新给你评分。"

男孩回家，痛苦地思考了很久。他问父亲他应该怎么办，父亲说："孩子，这件事你得自己决定。不过我认为这对你来说是个非常重要的决定。"

最后，在面对作文本枯坐了整整一周之后，男孩子将原来那篇作文交了上去，没改一个字。他向老师宣告："你可以保留那个'F'，而我将继续我的梦想。"

从此以后，男孩开始努力，他想他一定要成功，为了这个梦想，他奋斗了很多年。

讲到这里，卡洛斯微笑着对孩子们说："我想你们已经猜到了，那个男孩就是我！现在你们正坐在我的 200 英亩的牧场中心，4000 平方英尺的大房子里。我至今保存着那篇学生时代的作文，我将它用画框装起来，挂在壁炉上面。"他补充道："这个故事最精彩的部分是，两年前的夏天，我当年的那个老师带着30个孩子来到我的牧场，搞了为期一周的露营活动。当老师离开的时候，她说：'卡洛斯，现在我可以对你讲了，当我还是你的老师的时候，我差不多可以说是一个偷梦的人！那些年里，我偷了许许多多孩子的梦想。幸福的是，你有足够的勇气和进取心，不肯放弃，直到让你的梦想得以实现。'"

"所以，"卡洛斯说，"不要让任何人偷走你的梦，拿出坚定的意志去拼搏，你一定能追到你的梦。"

梦想和现实之间，总有那么一段距离。如果总希望一觉醒来就能梦想成真，这无异于白日做梦。把梦想变成现实，就要从现在开始确定一个目标，有成功的强烈愿望，并靠坚定的信念去拼搏，这样才可能成为生活的幸运儿。

你或许会不解，到底迈克·乔丹拼命不懈的动力源于何处？那是发生于他念高中一年级时一次在篮球场上的挫败，激起他决心不断地向更高的目标挑战。就在这个目标的推动下，飞人乔丹一步步成为全州、全美国大学，乃至NBA职业篮球历史上最伟大的球员之一，他的事迹一一改写了篮球比赛的纪录。

当你问起NBA职业篮球高手"飞人"迈克·乔丹，是什么因素造成他不同于其他职业篮球运动员的表现，而能多次赢得个人或球队的胜利？是天分，是球技，抑或是策略？他会告诉你说："NBA里有不少有天分的球员，我也可算是其中之一，可是造成我跟其他球员截然不同的原因是，你绝不可能在NBA里再找到像我这么拼命的人。我只要第一，不要第二。"

三百六十行，行行出状元。不管你以后要从事哪一行的工作，都要努力成为行业里出类拔萃的人。如果一个人对成功有强烈的企图心，想不成功都很难！

记住：目标＋行动＋企图心＝成功。

心中有了方向，才不会一路跌跌撞撞

切合实际的定位可以改变我们的人生。

一件商品、一项服务、一家公司，甚至是一个人，都需要定位。

人生重要的是找到自己的位置，并做好所有这个位置要做的事情。坐在自己的位置上，最心安理得，也最长久。

在暴风雨过后的一个早晨，海边沙滩的浅水洼里留下许多被昨夜的暴风雨卷上岸来的小鱼。它们被困在浅水里，虽然近在咫尺，却回不了大海。被困的小鱼有几百条，甚至几千条。用不了多久，浅水洼里的水就会被沙粒吸干，被太阳蒸干，这些小鱼都会被干死。

海边有三个孩子。第一个孩子对那些小鱼视而不见。他在心里想，这水洼里有成百上千条的鱼，以我一人之力是根本救不过来的，我何必白费力气呢？

第二个孩子在第一个水洼边弯下腰去——他在拾起水洼里的小鱼，并且用力把它们扔回大海。第一个孩子讥笑第二个孩子："这水洼里这么多鱼，你能救得了几条呢？还是省点力气吧。"

"不，我要尽我所能去做！"第二个孩子头也不抬地回答。

"你这样做是徒劳无功的，有谁会在乎呢？"

　　"这条小鱼在乎！"第二个孩子一边回答，一边拾起一条小鱼扔进大海。"这条在乎，这条也在乎！还有这一条、这一条、这一条……"

　　第三个孩子心里在嘲笑前面两个家伙没有脑子，天上掉馅饼，多好的发财机会呀，干吗不紧紧抓住呢？于是，第三个孩子埋头把小鱼装进用自己的衣服做成的布袋里……

　　多年后，第一个孩子做了医生。他当班的时候，因为嫌病人家属带的钱太少而拒收一位生命垂危的伤者，致使伤者因没有得到及时治疗而死去！迫于舆论压力，医院开除了见死不救的他。他心里觉得委屈，他想到了多年前海滩上的那一幕，他始终不认为自己错了。"那么多的小鱼，我救得过来吗？"他说。

　　第二个孩子也做了医生。他医术高明，医德高尚，对待患者不论有钱无钱，都精心施治。他成了当地群众交口称赞的名医。他的脑子里也经常浮现出多年前海滩上的那一幕。"我救不了所有的人，但我还是可以尽我所能救一些人的，我完全可以减轻他们的痛苦。"他常常对自己说。

　　第三个孩子开始经商，他很快就发了横财。暴发后，他又用金钱开道，杀入官场，并且一路青云直上，最后，他因贪污受贿事发，被判处死刑。刑场上，他的脑子里浮现出多年前海滩上的那一幕：一条条小鱼在布袋里挣扎，一双双绝望的眼睛死死地瞪着他……

　　要找到自己的定位，必须首先了解自己的性格、脾气，了解了自己才能对自己有一个合适的定位。

　　每个人都可以在社会中寻找到适合自己的行业，并且把它做好。

但并不是每个行业你都能做得最好，你需要寻找一个你最热爱、最擅长，能够做得最好的行业。

职业生涯定位就是自己这一辈子到底要成为一个什么样的人，自己的生命目的是什么，自己的核心价值观是什么，什么工作才是自己最好的工作，什么工作自己才能做得最好。

一个人的职业定位清晰，可以坚定自己的信念，可以明确自己的前进方向，可以发挥自己的最大潜能，可以实现自己的最大价值。毕竟，人生有限，我们没有太多的时间浪费在左右飘摇之中。

找到自己感兴趣的东西，找准自己的定位，是一个人成功的前提。

有一天，一位禅师为了启发他的徒弟，给他的徒弟一块石头，叫他去蔬菜市场，并且试着卖掉它。这块石头很大，很好看。但师父说："不要卖掉它，只是试着卖掉它。注意观察，多问一些人，然后只要告诉我在蔬菜市场它卖多少钱。"这个人去了。在菜市场，许多人看着石头想：它可以做很好的小摆件，我们的孩子可以玩，或者我们可以把这当作称菜用的秤砣。于是他们出了价，但只不过是几个小硬币。徒弟回来说："它最多只能卖到几个硬币。"

师父说："现在你去黄金市场，问问价。但是不要卖掉它，光问问价。"从黄金市场回来，这个徒弟很高兴，说："这些人太棒了。他们乐意出到 1000 块钱。"师父说："现在你去珠宝商那儿，但不要卖掉它。"他去了珠宝商那儿。他简直不敢相信，他们竟然乐意出 5 万块钱，他不愿意卖，他们继续抬高价格——出到 10 万。但是徒弟说："我不打算卖掉它。"他们说："我们出 20 万、30 万，或者你要多少就

别在该努力的时候，只谈梦想

多少，只要你卖！"徒弟说："我不能卖，我只是问问价。"他不能相信："这些人疯了！"他自己觉得蔬菜市场的价已经足够了。

他回来。师父拿回石头说："我们不打算卖了它，不过现在你明白了，如果你生活在蔬菜市场，把自己定位在那里，那么你只有那个市场的理解力，你就永远不会认识更高的价值。"

在给自己定位时，有一条原则不能变，即你无论做什么，都要选择你最擅长的。只有找准自己最擅长的，才能最大限度地发挥自己的潜能，调动自己身上一切可以调动的积极因素，并把自己的优势发挥得淋漓尽致，从而获得成功。

一个人只要找好自己的定位，然后为自己设定一个目标，用行动去实现自己的梦想，相信你以后也一定会成绩辉煌！

别轻易放过自己

比尔·戴维斯是世界一流的保险推销大师。在他的退休大会上，吸引了保险界的各路精英。许多同行问他："推销保险的秘诀是什么？如何才能像你一样成功？"

比尔·戴维斯坐在台上，自信地微笑着，看来对回答这个问题胸有成竹，早有准备。

这时，全场灯光逐渐暗了下来，接着从幕后走出了4名彪形大汉。他们合力扛着一座铁马，铁马下垂着一个大铁球。当现场所有人丈二和尚摸不着头脑时，铁马被抬到一个十分结实的讲台上。

比尔·戴维斯手执小锤，朝大铁球敲了一下，大铁球没有动；隔了5秒，他又敲了一下，大铁球还是没动。就这样，每隔5秒，他都再敲一下……

10分钟过去了，大铁球纹丝不动；20分钟过去了，大铁球依然纹丝不动；30分钟过去了，大铁球还是纹丝不动……

台下的同行开始骚动了，之后有人陆续离场而去，后来走的人越来越多，最后留下的只有零星几个人。但是，比尔·戴维斯手执小锤，还是全神贯注地继续敲着大铁球。

经过40分钟后，大铁球终于开始慢慢地晃动起来，后来摇晃的幅度越来越大，就算有人想让大铁球立刻停下来，也是很难办到的事情了！

留下来的几个同行兴奋了，又开始追问他："推销保险的秘诀是什么？如何才能像你一样成功？"

一直默默不语的比尔·戴维斯说：

"只要方向对头，成功者，绝不会放弃，直至取得成功。"

你是谁并不重要，重要的是你想要什么

不可否认，因为出生背景、受教育程度等各方面原因，每个人的起点有高低之分，但是起点高的人不一定能将高起点当作平台，走

别在该努力的时候，只谈梦想

向更高的位置。起点低也不怕，心界决定一个人的世界，有想法才有地位。二十几岁的年轻人首先要渴望成功，才会有成功的机会。

《庄子》开篇的文章是"小大之辩"。说北方有一个大海，海中有一条叫作鲲的大鱼，宽几千里，没有人知道它有多长。又有一只鸟，叫作鹏。它的背像泰山，翅膀像天边的云，飞起来，乘风直上九万里的高空，超绝云气，背负青天，飞往南海。蝉和斑鸠讥笑说："我们愿意飞的时候就飞，碰到松树、檀树就停在上边；有时力气不够，飞不到树上，就落在地上，何必要高飞九万里，又何必飞到那遥远的南海呢？"

那些心中有着远大理想的人往往不能为常人所理解，就像目光短浅的麻雀无法理解大鹏鸟的鸿鹄之志，更无法想象大鹏鸟靠什么飞往遥远的南海。因而，像大鹏鸟这样的人必定要比常人经受更多的艰难曲折，忍受心灵上的寂寞与孤独。他们就要更加坚强，把这种坚强潜移到他的远大志向中去，这就铸成了坚强的信念。这些信念熔铸而成的理想将带给大鹏鸟伟大的心灵，而成功者正脱胎于这些伟大的心灵。尤其是起点低的人，更需要一颗渴望成功的进取心。

"打工皇后"吴士宏第一个成为跨国信息产业公司中国区总经理的内地人，是唯一一个取得如此业绩的女性，她的传奇也在于她的起点之低——只有初中文凭和成人高考英语大专文凭。而她的秘诀就是"没有一点雄心壮志的人，是肯定成不了什么大事的"。

吴士宏年轻时命途多舛，还曾患过白血病。战胜病魔后她开始珍惜宝贵的时间。她仅仅凭着一台收音机，花了一年半时间学完了许国璋英语三年的课程，并且在自学的高考英语专科毕业前夕，她以对事业的无比热情和非凡的勇气通过外企服务公司成功应聘到 IBM（International Business Machines Corporation，国际商业机器公司），而在此前外企服务公司向 IBM 推荐过好多人都没有被聘用。她的信念就是："绝不允许别人把我拦在任何门外！"

在 IBM 工作的最早日子里，吴士宏扮演的是一个卑微的角色，沏茶倒水，打扫卫生，完全是脑袋以下肢体的劳作。在那样一个先进的工作环境中，由于学历低，她经常被无理非难。吴士宏暗暗发誓："这种日子不会久的，绝不允许别人把我拦在任何门外。"后来，吴士宏又对自己说："有朝一日，我要有能力去管理公司里的任何人。"为此，她每天比别人多花 6 个小时用于工作和学习。经过艰辛的努力，吴士宏成为同一批聘用者中第一个做业务代表的人。继而，她又成为第一批本土经理，第一个 IBM 在中国华南区的总经理。

在人才济济的 IBM，吴士宏算得上是起点最低的员工了，但她十分"敢"想，想要"管理别人"。而一个人一旦拥有进取心，即使是最微弱的进取心，也会像一颗种子，经过培育和扶植，它就会茁壮成长，开花结果。

我们应该承认，教育是促使人获得成功的捷径。但吴士宏只有初中文凭和自考英语大专文凭，依然取得了成功。我们这里所指的教育是传统意义上的学校教育，你不妨就把它通俗而简单地理解为文凭。一纸文凭好比一块最有力的敲门砖，可能会有很多人质疑这一点，但是，如果你知道人事部经理怎样处理成山的简历，你就会后悔当初没有上名牌大学了。他们会首先从学校中筛选，如果名牌大学应征者的其他条件都符合，他就不会再翻看其他的简历了。

但是，名牌大学就只有那么几所，独木桥实在难以通过。很多人在这一点上就落后了不少，于是在真正踏上社会，走入职场时，就会有起点差异。不过值得庆幸的是，很多成功者都是从低起点开始做起的，他们之所以能在落后于人的情况下后来居上，有进取心是不可忽略的一条。

上帝在所有生灵的耳边低语："努力向前。"如果你发现自己在拒绝这种来自内心的召唤、这种催你奋进的声音，那二十几岁的年轻人可要引起注意了。当这个来自内心、催你上进的声音回响在你耳边时，你要注意聆听它，它是你最好的朋友，将指引你走向光明和快乐，将指引你到达成功的彼岸。

实现众多小目标，追赶一个大梦想

二十几岁的年轻人如果想轻松打好人生这副牌，光有大目标做引导还不行，还必须一步一个脚印，制定每一个事业发展阶段的"短期目标"。

要实现自己的目标，需要把远期目标分解成当前可实现的目标。俗语说得好："罗马不是一天建成的。"既然一天建不成辉煌的罗马，我们就应当专注于建造罗马的每一天。这样，把每一天连起来，终将会与成功邂逅。

84岁的女士莫里斯·温莱，1960年曾轰动美国。这位高龄老太太，竟然徒步走遍了整个美国。人们为她的成就感到自豪，也感到不可思议。

有位记者问她："你是怎么实现徒步走遍美国这个宏大目标的呢？"

老太太的回答是："我的目标只是前面那个小镇。"

莫里斯太太的话很有道理，其实，人生亦是如此，我们每个人都希望发现自己的人生目标，并为实现这个目标而生活和工作。如果你能把你的人生目标清楚地表达出来，就能帮助你随时集中精力，发挥出你人生进取的最高效率。

因此，如果我们不能一下子实现自己的目标，就应当将长期目标分解成一个个当前可实现的目标，分段实现大目标。

25岁的时候，哈恩因失业而挨饿。他白天在马路上乱走，目标只有一个，躲避房东讨债。一天他在42号街碰到著名歌唱家夏里宾。哈恩在失业前，曾经采访过他。但是，他没想到的是，夏里宾竟然一眼就认出了他。

"很忙吗？"他问哈恩。

哈恩含糊地回答了他，哈恩想他看出了自己的遭遇。

"我住的旅馆在第103号街，跟我一同走过去好不好？"

"走过去？但是，夏里宾先生，60个路口，可不近呢。"

"胡说，"他笑着说，"只有5个街口。是的，我说的是第6号街的一家射击游艺场。"夏里宾有些所答非所问，但哈恩还是顺从地跟他走了。

"现在，"到达射击场时，夏里宾说，"只有11个街口了。"

别在该努力的时候，只谈梦想

不大一会儿，他们到了卡纳奇剧院。

"现在，只有 5 个街口就到动物园了。"

又走了 12 个街口，他们在夏里宾的旅馆停了下来。奇怪得很，哈恩并不觉得怎么疲惫。夏里宾向他解释为什么要步行的理由："今天的走路，你可以常常记在心里。这是生活中的一个教训。你与你的目标无论有多遥远的距离，都不要担心。把你的精力集中在 5 个街口的距离。别让那遥远的未来令你烦闷。"

这个例子告诉二十几岁的年轻人，不要迷失自己的目标，每次只把精力集中在面前的小目标上，这样，遥不可及的大目标便在眼前了。我们不必想以后的事，不必想一月甚至一年之后的事，只要想着今天我要做些什么、明天我该做些什么，然后努力去完成，把手头的事办好了，成功的喜悦就会慢慢浸润我们的生命。

目标的力量是巨大的。目标应该远大，才能激发你心中的力量，但是，如果目标距离我们太远，我们就会因为长时间没有实现目标而气馁，甚至会因此变得自卑。所以我们实现大目标的最好方法，就是在大目标下分出层次，分步实现大目标。

在现实中，许多二十几岁的年轻人做事之所以会半途而废，往往不是因为难度较大，而是因为觉得距离成功太远。确切地说，他不是因为失败而放弃，而是因为倦怠而失败。所以二十几岁的年轻人一定要掌握这样的技巧：善于把大目标分解成小目标。如果能够尽力完成每一个阶段目标，那么最终的胜利也会唾手可得。

你以为的努力，并非竭尽全力

成功者的一个显著特征就是：始终有一个明确的目标、清晰的方向，并且自信心十足、勇往直前地走向前方。不管别人怎么评价，只要自己的方向是对的，哪怕只有百分之零点一的可能性，成功者也会执着地去追求自己的目标。

这也就是为什么明明很多人的起点是差不多的，但是到了终点却有着很大不同的原因所在。并不是因为他们的能力相差多少，而是有的人目标明确，他们清楚地知道自己想要成为怎样的人，并且全力以赴地为之奋斗，于是他们成功了。而有的人可能也有目标，但是很快就忘记了，或者在实现目标的过程中，他们被困难吓倒了，于是他们的人生一无所成。

30 年前，弗兰克还是一个 13 岁的少年时，他就要求自己有所作为。那时候，他把自己的人生目标不可思议地定在纽约大都会街区铁路公司总裁的位置上。

为了这个目标，他从 13 岁开始，就与一伙人一起为城市运送冰块。虽然没有上过几天学，但是他依靠自己的努力，不断地利用闲暇时间学习，并想方设法向铁路行业靠拢。

18 岁那年，经人介绍，他进入了铁路业，在长岛铁路公司的夜行货车上当一名装卸工。他觉得这对他而言，是一个十分难得的机遇。尽管每天又苦又累，但他都能保持快乐的学习心态，积极地对待

别在该努力的时候，只谈梦想

自己的每一份工作。他也因此受到赏识，被安排到铁路上，开始干一份检查铁轨和路基的工作。尽管每天只能赚1美元，但是，他感觉到自己已经向铁路公司总裁的职位迈进了。

随后，他又被调到铁路扳道工的岗位上。在这里，他依然勤奋工作，加班加点，并利用空闲帮主管们做一些书记工作。他觉得只有这样，才可以学到一些更有价值的东西。

后来，弗兰克回忆说："不知道有多少次，我不得不工作到午夜十一二点钟，才能统计出各种关于火车的盈利与支出、发动机耗量与运转情况、货物与旅客的数量等数据，做了这些工作后，我得到的最大收获就是迅速掌握了铁路各个部门具体运作细节的第一手资料。而这一点，没有几个铁路经理能够真正做到。通过这种途径，我已经对这一行业所有部门的情况了如指掌。"

但是，他的扳道员工作只是与铁路大建设有关联的暂时性工作，工作一结束，他立刻被解雇了。

于是，他找到了公司的一位主管，告诉他，自己希望能继续留在长岛铁路公司做事，只要能留下，做什么样的工作都可以。对方被他的诚挚所感动，调他到另一个部门去清洁那些满是灰尘的车厢。

很快，他通过自己的实干精神，成为通往海姆基迪德的早期邮政列车上的刹车手。无论做什么工作，他始终没有忘记自己的目标和使命，不断地补充自己的铁路知识。

后来，当弗兰克成为公司总裁以后，他依然废寝忘食地工作着，在纽约人来人往、川流不息的街道上，他每天负责指导运送100万乘客，至今也没有发生过任何重大的交通事故。

弗兰克在一次和朋友谈话时说："在我看来，对一个具有强烈上进心的年轻人来说，没有什么不能改变的，也没有什么不能实现的。一个具有强烈上进心的人无论从事什么样的工作，接受什么样的任务，他都会积极地、充满热忱地对待它。这样的人无论在任何地方都会受到欢迎。他在依靠自身的努力向前迈进的时候，也会受到各方面的真诚相助。"

　　在目标的实现中，我们总会遇到很多困难，但是执着能让我们为了自己的理想而坚持下来，突出重围。一个下定决心就不再动摇的人，无形之中能给人一种最可靠的保证，他做起事来一定勇于负责，一定有成功的希望。

　　因此，二十几岁的年轻人做任何事，首先应确定一个最终的目标，一旦目标定下来之后，就千万不能再犹豫了，而应该遵照已经定好的计划，按部就班地去做，不达目的绝不罢休，这样才能更加靠近成功。

别在该努力的时候，只谈梦想

第四章

最好的你，
就是比昨天更好的你

别为了一棵树而浪费生命

一个边远的山区里，有两户人家的空地上长着一棵枝繁叶茂的银杏树。秋天的时候，银杏果成熟了就会落在地上。孩子们捡回一些，却都不敢吃，因为人们都认为银杏果有毒。

这棵树不知道是属于两户人家中的哪户，这样的日子过了许多年。

有一年，其中一户人家的主人去了一趟城里，才知道银杏果可以卖钱。于是，他摘了一袋背到城里，换回一大叠花花绿绿的钞票。

银杏果可以换钱的消息不胫而走。于是，另一户人家的主人上门要求两家均分那些钱。但是，他的要求被拒绝了。情急之下，他找出土地证，结果发现这棵银杏树划在他家的界线内。于是，他再次要求对方交出银杏果的钱，因为这棵银杏树是他家的。对方当然不会认输，他也开始寻找证据，结果从一位老人处得知，这棵银杏树是他曾祖父当年种下的。

两家争执不下，谁也不肯让步，于是反目成仇。乡里也不能判断这棵树究竟应该属于谁，一个有土地证，白纸黑字，合理合法；一个有证人证言，前人栽树后人乘凉，理所当然。

于是，两人起诉到法院。法院也为难，建议庭外调解。两人都不同意，他们认为这棵银杏树本应属于自己，凭什么要和别人共享呢？案子便拖了下来。他们年年为这棵银杏树吵架，甚至大打出手。

故事就这样延续了10年。10年后，一条公路穿村而过，两户人家拆迁，银杏树也被砍倒了，这场历时10年的纠纷才画上了句号。奇怪的是，当时两户人家谁也不要那棵树，因为树干是空的，只能当柴烧。

为了一棵树，他们竟然斗了10年！3000多个本来可以快快乐乐的日子，难道不比一棵树重要？用来争执的时间精力，去种一片银杏林都可以了。仔细想想真的很可怕：有时候，一个人为了得到某种东西，往往会失去比这种东西重要得多的东西。那么，你呢？你是否也在为了一些不重要的东西而枉费心机？

每个人都会努力追求一些自己以为很重要的东西，并为之付出了艰辛的努力，放弃了快乐、健康、爱情、友情。而等到真正获得它的时候，却发现它已经不是那么重要了。

就好比爬山，当你爬到一个高度的时候，发现在这个高度上原来自己是如此渺小，但你觉得或许高处还有更好的风景，然后你继续挣扎，再爬，再挣扎，如此反复，到自己爬不动了为止。然后忽然回头，却发现山下的人过着很快乐的生活，山顶却一片荒凉和单调，高处不胜寒，想再回去，已经不可能了。

人之所以有痛苦，就是因为追求错误的或者对你而言不重要的东西。如果我们只是忙忙碌碌地追求而无视身边的美好，那么幸福也会远离我们。所以有时间静下来的话，不妨想想，什么才是你人生中真正重要的东西。

华丽地跌倒，总胜过无谓的徘徊

野兔是一种十分狡猾的动物，缺乏经验的猎手很难捕获到它们。但是一到下雪天，野兔的末日就到了。因为野兔从来不敢走没有自己脚印的路，当它从窝中出来觅食时，它总是小心翼翼的，一有风吹草动就会逃之夭夭。但走过一段路后，如果是安全的，它也会按照原路返回。猎人就是根据野兔的这一特性，只要找到野兔在雪地上留下的脚印，然后做一个机关，第二天早上就可以去收获猎物了。

兔子的致命缺点就是太相信自己走过的路了。许多时候，我们不是跌倒在自己的缺陷上，而是跌倒在自己的优势上。因为缺陷常常给我们以提醒，小心翼翼，而优势和经验却常常使我们忘乎所以，麻痹大意。

三个旅行者早上出门时，一个旅行者带了一把伞，另一个旅行者拿了一根拐杖，第三个旅行者什么也没有带。

晚上归来，拿伞的旅行者淋得浑身是水，拿拐杖的旅行者跌得满身是伤，而第三个旅行者却安然无恙。前两个旅行者很纳闷，问第三个旅行者："你怎会没有事呢？"

第三个旅行者没有正面回答，而是问拿伞的旅行者："你为什么会淋湿而没有摔伤呢？"

拿伞的旅行者说："当大雨来的时候，我因为有了伞，就大胆地在雨中走，却不知怎么淋湿了；当我走在泥泞坎坷的路上时，因为没有拐杖，所以走得非常仔细，专拣平稳的地方走，所以没有摔伤。"

然后，他又问拿拐杖的旅行者："你为什么没有淋湿而摔伤了呢？"

拿拐杖的说："当大雨来临的时候，我因为没有带雨伞，便拣能躲雨的地方走，所以没有淋湿；当我走在泥泞坎坷的路上时，我便用拐杖拄着走，也不知道怎么搞的就摔了好几跤。"

第三个旅行者听后笑笑说："为什么你们拿伞的淋湿了，拿拐杖的跌伤了，而我却安然无恙？这就是原因。当大雨来时我躲着走，当路不好时我非常小心，所以我没有淋湿也没有跌伤。你们的失误就在于你们有凭借的优势，自以为有了优势便可大意。"

从上面的故事，我们可以知道：优势不但靠不住，有时候反而还会起反作用。相比之下，经验同样也是靠不住的。

许多人喜欢登山这项运动，因为可以挑战自我，挑战极限。当人们把自己的足迹留在山顶上的时候，一种征服的成就感就会油然而生。登山的过程中时刻伴随着危险，这是勇敢者的运动。但是只靠勇敢还是不够的，还需要力量、细心等多种要素。在登山运动中，攀登雪山更是危险。

在亚洲，著名的喜马拉雅山每年都会迎来许多勇气可嘉的人来征服它。

有一年，一个登山队来到了这里。在他们准备好了食品、药品及其他登山器材，即将上山的时候，一位专家提醒他们说："多带几根钢针，燃气炉的喷嘴在严寒的状况下极易堵塞，只有钢针能够解决这个问题。不要小看了这根钢针，如果燃气炉堵塞的话，就意味着全队的生命将要受到威胁。"

遗憾的是没有人听专家的话，因为按照经验，他们认为带一根钢针就够了，何必再多此一举呢！

到半山腰的时候，燃气炉真的堵塞了。带着钢针的人把钢针拿了出来，但是天气太冷，钢针变得很脆，他一不小心把钢针崩断了——全队的饮食从此就断绝了。最后，登山队没有一个人从山上走下来。

经验确实很重要，但不要一味相信经验，完全凭自己的经验办事。经验不足或是经验过多都会导致失败，造成无法挽回的损失。

有的时候，优势是靠不住的，经验是会欺骗人的。所以要相信事实，多做准备，绝不能偏信所谓的经验，更不能依赖自己的优势。能正确看待自己的优势、懂得如何利用经验的人，才是真正的智者。

你唯一能把握的，是变成更好的自己

托尔斯泰说："世界上只有两种人：一种是观望者，一种是行动者。大多数人都想改变这个世界，但没人想改变自己。"要改变现状，就得改变自己。要改变自己，就要改变自己的观念。一切成就，都是从正确的观念开始的。一连串的失败，也都是从错误的观念开始。要适应社会，适应变化，就要改变自己。

哥伦布发现美洲大陆后，欧洲不断向美洲移民。为了得到足够的食物，欧洲人在美洲大量种植苹果树。但是在 19 世纪中期，美国的苹果大面积减产，原因是出现了一种新的害虫——苹果蛆蝇。

刚开始，人们以为害虫是被从欧洲带过来的。后来经过研究发现，苹果蛆蝇是由当地一种叫山楂蝇的变化而来。由于苹果树的大量种植，许多本地的山楂树被砍掉了，以山楂为生的山楂蝇为了适应这种情况，改变了自己的生活习性，开始以苹果为食物。在不到 100 年的时间里，山楂蝇进化成了一种新害虫。

山楂蝇为了适应环境，竟不惜改变自己的习性。生物适应环境的能力令人可敬可叹，那么人又该如何适应环境呢？

一个黑人小孩在他父亲的葡萄酒厂看守橡木桶。每天早上，他用抹布将一个个木桶擦拭干净，然后一排排整齐地摆放好。令他生气的是：往往一夜之间，风就把他排列整齐的木桶吹得东倒西歪。

小男孩很委屈地哭了。父亲摸着男孩的头说："孩子，别伤心，我们可以想办法去征服风。"

于是小男孩擦干了眼泪坐在木桶边想啊想啊，想了半天终于想出了一个办法，他去井边挑来一桶一桶的清水，然后把它们倒进那些空空的橡木桶里，然后他就忐忑不安地回家睡觉了。

第二天，天刚蒙蒙亮，小男孩就匆匆爬了起来，他跑到放桶的地方一看，那些橡木桶一个个排列得整整齐齐，没有一个被风吹倒的，也没有一个被风吹歪的。小男孩高兴地笑了，他对父亲说："要想木桶不被风吹倒，就要加重木桶的重量。"男孩的父亲赞许地微笑了。

是的，我们可能改变不了风，改变不了这个世界和社会上的许多东西，但是我们可以改变自己，给自己加重，这样我们就可以适应变化，不被打败。

在威斯敏斯特教堂地下室里，英国圣公会主教的墓碑上写着这样一段话：

当我年轻自由的时候，我的想象力没有任何局限，我梦想改变这个世界。当我渐渐成熟明智的时候，我发现这个世界是不可能改变的，于是我将眼光放得短浅了一些，那就只改变我的国家吧！但是我的国家似乎也是我无法改变的。当我到了迟暮之年，抱着最后一丝努力的希望，我决定只改变我的家庭、我亲近的人——但是，唉！他们根本不接受改变。现在，在我临终之际，我才突然意识到：如果起初我只改变自己，接着我就可以依次改变我的家人。然后，在他们的激发和鼓励下，我也许就能改变我的国家。再接下来，谁又知道呢，也许我连整个世界都可以改变。

人生如水，人只能去适应环境。如果不能改变环境，就改变自己。只有这样，才能克服更多的困难，战胜更多的挫折，实现自我。如果不能看到自己的缺点与不足，只是一味地埋怨环境不利，从而把改变境遇的希望寄托在改换环境上面，这实在是徒劳无益的。

不求与人相比，但求超越自己

几年前，李莉南下深圳求职，根据她的经验和能力，负责一个部门绝对没有问题。

李莉的一个朋友对通信行业比较熟悉，人缘也不错。于是，朋友给一家电信公司的张总工程师打了个招呼，然后让李莉约定时间面试。李莉认为自己没有在电信公司做过主管，怕面试无法通过，又担心做不好工作，会损了朋友的面子，只好"退而求其次"，想自己通过招聘渠道找工作。

李莉先给几家用人单位寄去简历，却石沉大海毫无消息。接着，李莉又去找人才市场和职业介绍所，也面试了几家用人单位，但结果往往是"高不成低不就"。

时间一晃一个月过去了，李莉也急了。最后，李莉决定打电话给张总工程师。秘书接过电话问道："请问您找哪一位？"

李莉回答说："请找张总。"

秘书说："对不起，张总正在开会，可以请您留下口信吗？"李莉觉得彼此不熟，又不好意思留口信，只好挂了电话。

朋友看在眼里，急在心里，给李莉讲了一个"跳蚤的故事"。

有人曾经做过这样一个实验：他往一个玻璃杯里放进一只跳蚤，发现跳蚤立即轻易地跳了出来。再重复几遍，结果还是一样。根据测试，跳蚤跳的高度一般可达它身体的 400 倍左右。

接下来实验者再次把这只跳蚤放进杯子里，不过这次是立即在杯子上加一个玻璃盖，"嘭"的一声，跳蚤重重地撞在玻璃盖上。跳蚤十分困惑，但是它不会停下来，因为跳蚤的生活方式就是"跳"。一次次被撞，跳蚤变得聪明起来了，它开始根据盖子的高度来调整自己跳的高度。再一阵子以后呢，发现这只跳蚤再也没有撞击到这个盖子，而是在盖子下面自由地跳动。

一天后，实验者开始把这个盖子轻轻拿掉了，它还是在原来的这个高度继续地跳。3 天以后，他发现这只跳蚤还在那里跳。

一周以后发现，这只可怜的跳蚤还在这个玻璃杯里不停地跳着，其实它已经无法跳出这个玻璃杯了。

让这只跳蚤再次跳出这个玻璃杯的方法十分简单，只需拿一根小棒子突然重重地敲一下杯子；或者拿一盏酒精灯在杯底加热，当跳蚤热得受不了的时候，它就会"嘣"地一下，跳出来……

李莉很快就领悟到其中的意思，默然半晌，没有作声。

第二天一早，李莉就给张总打电话，又是秘书接的电话，她直呼张总的名字，秘书不敢怠慢，很快接通电话……面试很顺利，李莉顺理成章地成了部门主管。

现在，李莉已成为该公司的资深主管，上司正准备提升她为副总经理。张总工程师现在也已经成为总经理。张总多次对李莉的朋友说："真该好好感谢你啊，要不我上哪儿去找这么好的得力助手啊？"

在这个故事里，跳蚤真的不能跳出这个杯子吗？绝对不是。而是因为，它的心里已经默认了这个杯子的高度是自己无法逾越的。在科学界，这种现象被称为"自我设限"。

在生活中，是否有许多人像这只跳蚤一样，不断自我设限呢？年轻时雄心万丈，意气风发，一旦遭遇挫折，便开始怀疑自己的能力，抱怨上天不公。慢慢地，他们不是想方设法去追求成功，而是一再地降低成功的标准。他们已经在挫折和困难面前屈服了，或者已习惯了。他们往往因为害怕去追求成功，而甘愿忍受糟糕的生活。他们害怕失败和挫折，在他们眼里，一切都是那么困难。慢慢地，他们的

别在该努力的时候，只谈梦想

心里已经默认了一个"高度"，这个高度常常暗示自己的潜意识：成功是不可能的，这是没有办法做到的。"自我设限"是人无法取得成就的根本原因之一。

所以，要塑造一个全新的自我，就要打破这种"心理高度"，停止自我设限。

珍惜今天的人，才有资格谈明天

伟大的心理学家威廉·詹姆斯说："以行动播种，收获的是习惯；以习惯播种，收获的是个性；以个性播种，收获的是命运。"既然如此，想要改变自己的命运和生活，你就要从最基本的行动做起，养成马上去做的习惯，从而改变个性，获得成功。

一个美国人到墨西哥旅游，一天黄昏时他在一个海滩漫步，忽然看见远处有一个人在忙碌地做着什么。走近些时，他看清楚原来有个印第安人在不停地拾起由潮水冲到沙滩上的鱼，一条条用力地把它们扔回大海去。

美国人于是奇怪地问这个印第安人："朋友，你在干什么呢？"

那人说："我在把这些鱼扔回海里。你看，现在正是退潮，海滩上这些鱼全是给潮水冲到岸上来的，很快这些鱼便会因缺氧而死了！"

"我明白。不过这海滩有数不尽的鱼，你能把它们全部送回大海吗？你可知道你所做的作用不大啊！"

那位印第安人微笑着，继续拾起另一条鱼，一边拾，一边说："但起码我改变了这条鱼的命运啊！"

美国人恍然大悟，慢慢陷入了沉思！的确，虽然有很多美好的事情我们不能去实现，但是如果把握现在，却能改变一切！

向前看，好像时间漫长无边；但回首，才知生命如此短暂！过去不能重新找回，将来还一直遥遥无期，唯一能把握、能利用的，也只有现在了！这是我们必须明白的人生道理。

一位考古学家在古希腊的废墟里发现了一尊双面神像。由于从来没有见过这种神像，考古学家忍不住问它："你是什么神？为什么会有两副面孔？"

神像回答说："人们都叫我双面神，我一面回望过去，汲取教训；一面展望未来，充满憧憬。"

考古学家忍不住问："那么现在呢？"

"现在"，神像一愣，"我只看着过去和未来，我哪管得了现在啊！"

考古学家说道："过去已经远去了，未来还没有到来。我们能把握的只有现在啊！你对过去总结得再好，对未来的构想无论多么美好，如果不能把握现在，那又有什么意义呢？"

神像听了，恍然大悟："你说得没错。我只关注过去和未来，而从来没想过现在，所以才被人们抛弃在废墟里啊！"

每个人都希望梦想成真，成功却似乎遥不可及，倦怠和不自信让我们怀疑自己的能力。其实，我们不用想以后的事，只要把握现在，开始行动，成功的喜悦就会慢慢浸润我们的生命。

霍勒斯·格里利说过："做事的方法就是马上开始。过去的已成历史，未来还遥不可及，我们能把握的只有现在。"什么事情一旦拖延，就总是会拖延，而你一旦开始行动，事情就有了转变。凡事及时行动就是成功的一半。

著名作家茅盾说过："过去的，让它过去，永远不要回顾；未来的，等来了时再说，不要空想；我们只抓住了现在，用我们现在的理解，做我们所应该做的。"那么，要想人生没有遗憾，成就你的卓越人生，那就从现在起，朝着你的目标，开始行动吧！

要看清自己，不要看轻自己

如果沉在海底的话，一枚硬币和一枚价值连城的金币是一样的。只有将金币打捞上来，并且去使用它，才能显出它的价值。同样的道理，当你学会激励自己发挥潜能时，你才变得真实而有价值。

绝大多数人不相信他们自己有能力实现愿望，因而他们也从不激励自己，反而是在关键时刻告诉自己："你不行的，还是别做白日梦了"，"我天生就是如此，再努力也没用了"……这些消极的语言不仅使他们丧失了自信，同时也封住了他们的潜能。成功者总是那些拥有积极心态并且善于激励自己的人。

卡耐基说过："不能激励自己的人，一定是一个平庸的人，无论他的才能如何出色。"激励是我们生活的驱动力量，它来自一种希望成功的愿望。没有成功，生活中就没有自豪感，在工作和家庭中也就没有快乐与激情。

激励的作用是强大的，它能说服和推动你去行动。行动就像生火一样，除非你不断给它加燃料，否则就会熄灭。激励就是行动的燃料，源源不断地为你提供行动的能量。时时用对成功的渴望来激励自己，作为新员工，你就会有足够的动力去战胜困难到达成功的彼岸。激励的力量是无穷的，它让你有勇气和能力面对一切困境，也足以使你彻底改变自己。

有一个名叫亨利·伍德的年轻人，刚开始做推销员。一天他对老板说："我不干啦！"

"怎么回事，亨利？"老板问道。

"我不是干推销员的料，就这么回事！我总是不成功，我不想再干了。"

出乎意料的是，老板对他说："如果我没看错人，你的确是干推销员的好料子。我向你保证，亨利·伍德。现在你马上离开这里，当你晚上回来的时候，你争取到的订单一定比你这一生中任何一天所争取到的还要多。"

亨利看着老板，愕然无声。他的眼睛亮了起来，里面充满了斗志，然后转身离开了老板的办公室。

那天晚上，亨利回来了，脸上充满了胜利的神采，他创下了一生中最佳的纪录——而且从此以后一直如此。

这个故事告诉我们：学会激励自己，自我期望的程度越大，就

别在该努力的时候，只谈梦想

会取得越大的成就。你认为自己行，你就一定行。

　　成功的关键就在于你的心中要一直相信自己，同时要不时地激励自己。成功不属于那些妄自菲薄的人。它偏爱那些相信自己并时刻激励自己前行的人。

　　1. 可以通过各种信息来鼓励你的身心、振奋你的精神。比如，背诵几句格言，或者阅读一些快乐有趣的小故事。当你周围充满鼓舞人心的事物时，就比较容易在事情发展不顺时继续前进并回到工作中。

　　2. 当你取得一些成就时，或者有进步时，不妨给自己一点奖励，满足自己的小愿望，以此好好鼓励自己。

　　3. 将你所处行业的最顶尖的人士的照片贴在办公桌或者床头，暗暗立下目标：我一定要做得和他一样出色！

　　4. 不断地告诉自己，我可以做得更好，我可以让这份工作更具意义，那么你能成为更加完美的员工。

　　5. 起床后就想象今天是完美快乐的一天的人，是幸运的。对于那些并不很乐观的人，只要坚信这一点，那事情就有可能沿着他的情绪发展。这叫自我暗示。

　　6. 成功者在做事前，就相信自己能够取得成功，结果真的成功了，这是人的意识在起作用。人最怕的就是自己胡思乱想，自我设置障碍。做任何事，不要在心里制造失败，我们都要想到成功，要想办法把"一定会失败"的消极意念排除掉，增强自信心。

　　7. 每天只要花5分钟进行3次有意识的、积极的自我暗示。有规律的、积极的自我暗示能够快速改变一个人多年的习惯、态度及思维方式。

8.想象自己已经获得成功。成功者经常用这类暗示来提高自己、康复身心和进行技巧的巩固。在上场之前，世界级的跳高运动员就常暗示自己已经跳过了横杆，而顶尖推销员在推销之前则经常想象他已经获得了订单。

即使是影子，也会在黑暗中离开你

人生总会面临困境，要摆脱某种难堪的窘境，很多时候，还得靠自己。

有个小孩一直很怕蜘蛛。父亲问他为什么怕蜘蛛，他说："蜘蛛太难看了，所以我怕。"仔细推敲这句话，你会得出这样的结论：蜘蛛太难看了，让我害怕。是蜘蛛的问题，不是我的问题。我是没办法的。

父亲又问："是不是所有人都怕蜘蛛？"

"不是。你就不怕。我有一个同学也不怕。"

父亲再问："同一个蜘蛛，有人怕有人不怕，那么是由谁去决定怕不怕呢？"

儿子想了想，回答："是人去决定的。"

父亲问了最后一个问题："那你有什么决定呢？"

"哦……"儿子的表情舒展开来，"那蜘蛛没什么好怕的了。"

我们在工作、生活中总会遇到这样那样的"蜘蛛"(困难、挫折)，是恐惧、害怕、厌恶、逃避，还是从容面对，选择决定权在你！因为，你就是你自己的救世主。

　　1947年，美孚石油公司董事长贝里奇到开普敦巡视工作。一次，在卫生间里，他看到一位黑人小伙子正跪在地板上擦水渍，并且每擦一下，就虔诚地叩一下头。贝里奇感到很奇怪，问他为何如此，黑人答，在感谢一位救世主。贝里奇很为自己的下属公司拥有这样的员工感到欣慰，问他为何要感谢那位救世主。黑人说，是救世主帮他找了这份工作，让他终于有了饭吃。贝里奇笑了，说："我曾遇到一位救世主，他使我成了美孚石油公司的董事长，你愿见他一下吗？"黑人说："我是个孤儿，从小靠教会养大，我很想报答养育过我的人，这位救世主若使我吃饭之后还有余钱，我愿去拜访他。"贝里奇说："你一定知道，南非有一座很有名的山，叫大温特胡克山。据我所知，那上面住着一位救世主，能为人指点迷津，凡是能遇到他的人都会前程似锦。20年前，我去南非登上过那座山，正巧遇到他，并得到他的指点。假如你愿意去拜访，我可以向你的经理说情，准你一个月的假。"

　　这位年轻的黑人在30天时间里，一路披荆斩棘，风餐露宿，过草甸，穿森林，历尽艰辛，终于登上了白雪覆盖的大温特胡克山。他在山顶徘徊了一天，除了自己，什么也没有遇到。黑人小伙子很失望地回来了，他遇到贝利奇后，说的第一句话是："董事长先生，一路我处处留意。直到山顶，除我之外，根本没有什么救世主。"

　　贝利奇说："你说得很对，除你之外，根本没有什么救世主。"

20 年后，这位黑人小伙子做了美孚石油公司开普敦分公司的总经理。他的名字叫贾姆纳。2000 年，世界经济论坛大会在上海召开，他作为美孚公司的代表参加了大会。在一次记者招待会上，针对他的传奇一生，他说了这么一句话："您发现自己的那一天，就是您遇到救世主的时候。"

所以，当你遭遇困境的时候，你不妨想想这句话："这个世界没有什么救世主，除了我们自己。"

你不必努力活得跟别人一样

有一个女人怀孕了，她已经生了 8 个孩子，其中有三个耳朵聋了，两个眼睛瞎了，一个弱智，而这个女人自己又有梅毒。

当时有许多好心人劝她堕胎，让她不要生下那孩子。可她还是坚持要生下孩子。现在想来，我们真要感谢那位英雄的母亲，她没有听信别人的议论和劝说。那个女人就是贝多芬的母亲，那个怀着的孩子就是贝多芬。由此可见，面对一切，都不能轻易地下结论。

当今社会，纷繁复杂。所以没有主见随波逐流的人，是永远不会取得成就的。要想获得成功，就应该凡事不随大流，要有自己的主见。

巴尔扎克若不坚定自己的作家梦，便不会有《人间喜剧》的诞生；达尔文若不坚持自己的主见，从事生物研究，便不会有进化论的面世……总而言之，没有自己的主见，便不能做自己的主人，更不能成就一番自己的事业。

为人处世要有主见，是众所周知的道理。但真能做到事事均有自己的主见，不为他人言行所左右，却非易事。

苏格拉底的学生曾经向他请教如何才能保持自我。苏格拉底让大家坐下来，他用拇指和中指捏住一个苹果，慢慢地从每个同学的座位旁边走过，一边走一边说："请同学们集中注意力，注意嗅空气中的气味。"

然后，他回到讲台上，把苹果拿起来左右晃了晃，问："有哪位同学闻到了苹果的味道？"

有一位学生举手站起来回答说："我闻到了，这个苹果很香！"

"还有哪位同学闻到了？"苏格拉底又问。

学生们你望望我，我看看你，都不作声。

苏格拉底再次走下讲台，举着苹果，慢慢地从每一个学生的座位旁边走过，边走边叮嘱："请同学们务必集中精力，仔细闻闻空气中的气味。"

回到讲台上，他又问："大家闻到了苹果的气味了吗？"这次，绝大多数学生都举起了手。

稍停了一会儿，苏格拉底第三次走到学生中间，让每位学生都闻一闻苹果，回到讲台后，他再次提问："同学们，大家闻到苹果的香味了吗？"

他的话音刚落，除一位学生外，其他学生都举起了手。那位没举手的学生左右看了看，慌忙也举起了手。

看到这种情景，苏格拉底笑着问："大家闻到了什么味儿？"

学生们异口同声地回答："苹果的香味！"

苏格拉底脸上的笑容不见了，他举着苹果缓缓地说："非常遗憾，这是一个假苹果，什么味儿也没有。如果不能坚持自己的看法，是没有办法保持自我的。"

苏格拉底的意思非常明白：说话的人是别人，真正做事的却是你自己，没有主见的人永远没有正确的行动。坚持自己的主见，做一个独立的思想者，做一个激情的梦想者，做一个坚定的信仰者，你可能失去一些东西，但你将得到更多。

你不必为谁压抑，只需对得起自己

据说镌刻在古希腊宗教中心戴尔菲阿波罗神庙墙上的唯一一句箴言就是——认识你自己！关于"认识你自己"还有这么一个故事：

古希腊的大哲学家柏拉图曾在《斐德诺篇》中描写道：

柏拉图的老师苏格拉底在路上碰见斐德诺，就和他走出雅典城门，到伊里苏河边去散步。

伊里苏河碧波荡漾，岸边高大的梧桐树枝叶葱葱，流水的声音和着蝉儿的歌唱，这美不胜收的自然风景令苏格拉底心旷神怡，一旁的斐德诺非常惊奇，他说："这是传说中风神玻瑞阿斯掠走美丽的希腊公主俄瑞提娅的地方，你信不信？"

苏格拉底回答道："我没有工夫做这些研究，我现在还不能做到德尔斐神谕所指示的'认识你自己'。一个人还不能认识他自己，就忙着研究一些和他不相干的东西，这在我看来是十分可笑的。"

苏格拉底说得对，一个人只有认识他自己，才能做别的。如果一个人连"自己是谁"或"自己是做什么的、什么样的人"都不清楚，要想有所成就也就无从谈起。

认识你自己，这句话备受西方人推崇，影响了西方几千年。的确，人类可以探索神秘的宇宙，认知奇妙的万物，却不能正确地认识自己。要想做一番事业，获得成功，你就应该对自己有清晰的认识，知道自己的优缺点，给自己定好位，"得知道自己是谁"。有一位哲人说过："准确定位是开创事业的第一步。"

在水生动物中，螃蟹是横着走路的，河虾倒退着走路。它们怪异的行走方式引来了不少嘲笑和讥讽。一天，敏捷矫健的银鱼嘲笑说："螃蟹你真笨！横着走路！如果旁边有障碍物你怎么走啊？"聪明的章鱼也插嘴讥讽道："河虾更傻，向前走多顺啊，可它偏偏倒着走，何时才能到头啊？"螃蟹和河虾听见了，只是淡淡一笑。它们心里知道，选择什么样的行走方式，是根据自己的身体情况决定的。只要有自知之明，了解自己的特点，把握好方向和目标，给自己定好位，横着走或者倒着走，都是一种前进的姿态。

齐庄公乘车出游的时候，在路上看见一只小小的螳螂伸出前臂，准备阻挡车子的前进，齐庄公不由非常惊讶。车夫就告诉齐庄公："这种虫子凡是看到对手，就会伸出自己的前臂，想要抵挡对手的进攻，却往往没想过自己的力量有多大，所以经常被车轧死。"

这就是成语螳臂当车的由来，以此来比喻那些没有自知之明、不自量力的人。

不自量力，自欺欺人，常常给自己带来危害，有时甚至丢掉性命。相比可悲的螳螂，历史上许多伟大的人物之所以成功，是由于他们具有可贵的自知之明，在现实世界中找到了属于自己的最佳人生位置，并由此设计和塑造了自己。

巴尔扎克在年轻时办过印刷厂，当过出版商，经营过木材，开采过废弃的银矿，但所有这些都没有取得成功，还弄得自己债台高筑。这不能不说与他缺乏自知之明、不能正确认识自己有关。后来，他终于发现了自己的写作天赋，潜心写书，终于成为一位闻名世界的作家。

认识你自己，要永远记住这句话。因为只有认识了你自己，才会认真反思自己，才能"不以物喜，不以己悲"，采取有效正确的行动，成就你的卓越人生。

原创的你，千万不要活成"盗版"

一个年轻人对自己长久不被重用感到很不解，就慕名去拜访一位很有名的经理，请他指点迷津。经理问年轻人道："你在工作上对自己是如何定位的？"

"我父亲告诉我，做人不能太露锋芒，我认为很有道理。所以在

别在该努力的时候，只谈梦想

公司里我处处忍让。"年轻人说。

听了他的话，经理没有言语，领着年轻人坐上快艇，然后发动小油门慢慢前行。和他们同时启动的一艘快艇加大马力，似流星般划到他们前面；晚于他们启动的大游船也很快超过了他们，就连一叶双人小扁舟也行在了他们的前面……

一艘大游船赶了上来，船主对他们说："你们的快艇连个小木舟都不如，报废了吧。"

经理扭头笑问年轻人："你说我们的快艇究竟如何？""因为他们不知你没开足马力。"年轻人答道。

"是啊，其实人又何尝不是这样呢？你再有才华，但你不显露，别人不知道，怎么会看重你呢？低调可以，但不能太过了，要学会表现自己。即使你的能力有人知道，但是你畏畏缩缩，人家又怎敢重用你呢？如此，你又怎能快速到达理想的彼岸呢？"

年轻人听了，顿然醒悟，开始在工作中积极表现自己，很快他就被提升为部门经理。

快艇的优势就在于它的速度，如果连速度都掩饰起来，那还能叫快艇吗？所以说，韬光养晦固然有它的优点，但有时候我们更需要学会如何去展现自己，推销自己。

战国的时候，很多有权势的人都供养着一些有才华的人，作为他们的储备人才，这些被供养的人被叫作食客，也叫门下客，而供养他们的人叫作养士。毛遂就是赵国平原君的食客，在平原君府上已经3年了，一直没有得到重用。

这一年，赵王派平原君出使楚国，请求楚国出兵共同抵御秦国。

于是平原君决定挑选20个能人和自己一起去秦国。可是挑来挑去，只挑出了19个，平原君很是发愁。这时候，毛遂请求和平原君一起去楚国。平原君看不起毛遂："你在我这里几年了？"

毛遂回答："3年了。"

平原君继续说道："有才能的人，就像把锥子放在口袋里一样，锥子尖马上会显现出来的，你在我府上3年了，我为何听都没有听说过你啊？"

毛遂恳求道："那么，今天就把我放入袋子吧。如果早点进入口袋，我早就刺破口袋脱颖而出，名声在外了！"于是平原君勉强带上了毛遂。

到了楚国后，平原君和带去的19人都没能说服楚王，眼看谈判就要进行不下去了，毛遂挺身而出，施展他的口才，终于把楚王说服了。平原君圆满完成了任务，从此重用毛遂。毛遂也就成为我国自我推荐、表现自己的典范。

生活是一连串的推销。我们推销货品，推销一项计划，我们也推销自己。展示自己是一种才华、一种艺术。一个优秀成熟的人，就要懂得在恰当的时候以恰当的方式表现自己，让自己脱颖而出！

第五章

你和梦想的距离，
只差一个高情商的自己

相信自己，便无所畏惧

　　既然别人无法完全模仿你，也不一定做得来你能做得了的事，试想，他们怎么可能给你更好的意见？他们又怎能取代你的位置，来替你做些什么呢？所以，这时你不相信自己，又有谁可以相信？

　　坚强的自信，常常使一些平常人也能够成就神奇的事业，成就那些天分高、能力强但多虑、胆小、没有自信心的人所不敢尝试的事业。

　　你的成就大小，往往不会超出你自信心的大小。假如拿破仑没有自信的话，他的军队不会越过阿尔卑斯山。同样，假如你对自己的能力没有足够的自信，你也不能成就重大的事业。不企求成功、期待成功而能取得成功是绝不可能的，成功的先决条件就是自信。

　　自信心是比金钱、权势、家世、亲友等更有用的条件。它是人生可靠的资本，能使人努力克服困难，排除障碍，去争取胜利。对于事业的成功，它比任何东西都更有效。

　　假如我们去研究、分析一些有成就的人的奋斗史，我们可以看到，他们在起步时，一定有充分信任自己能力的坚强自信心。他们的心情、意志，坚定到任何困难险阻都不足以使他们怀疑、恐惧，他们也就能所向无敌了。

　　我们应该有"天生我材必有用"的自信，明白自己立于世，必

别在该努力的时候，只谈梦想

定有不同于别人的个性和特色，如果我们不能充分发挥并表现自己的个性，这对于世界、对于自己都是一个损失。这种意识，一定可以使我们产生坚定的自信并助我们成功。

然而，没有人天生自信，自信心是志向，是经验，是由日积月累的成功哺育而成的。它来自经验和成功，又对成功起到极大的推动作用。

也正因为自信并非天生，所以，自信可以从家庭中逐渐灌输或是自我培养。有些人认为成功者对自己的信心比较强，其实不见得。没有一个成功者不曾感到过恐惧、忧虑，只是他们在恐惧时都有办法克服恐惧感。大多数成功者有办法提升自己的自信。成功的人知道如何克服恐惧、忧虑，第一个方法就是唤起内心的自信。

成功者也并不是经常都能够击败恐惧与忧虑的，但重要的是他们能够建立自信。一个阶段成功之后，接着才能想象下一个阶段。随着成功的不断累积，自信就会成为你性格中的一部分。

幼时父母双亡的 19 世纪英国诗人济慈，一生贫困，备受文艺批评家抨击，他恋爱失败，身染痨病，26 岁即去世。但济慈一生虽然潦倒不堪，却从来没有向困难屈服过。他在少年时代读到斯宾塞的《仙后》之后，就肯定自己也注定要成为诗人。一次，他说："我想，我死后可以跻身于英国诗人之列。"济慈一生致力于这个最大的目标，并最终成为一位永垂不朽的诗人。

相信自己能够成功，成功的可能性就会大为增加。如果自己心里认定会失败，就很难获得成功。没有自信，没有目标，你就会俯仰由人，终将默默无闻。

由此可知，自信对于一个人来说是多么重要，而它对于我们人生的作用也是多元而重要的，这主要表现在：

自信心可以排除干扰，使人在积极肯定的心态支配下产生力量，这种力量能推动我们去思考、去创造、去行动，从而完成我们的使命，促成我们的成功。

面对物欲横流的世界，面对许多不确定的因素，有信心的人，能坚守自己的理想、信念而不动摇，从而按自己的心愿，找到通向成功和卓越的道路。

信心赢得人缘。信心可以感染别人，一方面激发别人对你的认可，另一方面使更多的人获得信心。这样就容易赢得他人的好感，具有良好的人缘。而人缘好是人生的一大财富。

从古至今，人们出于创造更美好的生活的目的，对人的信心抱着崇高的期望。自信心的力量是巨大的，是追求成功者的有力武器。信心是成功的秘诀。拿破仑·希尔说："我成功，因为我志在战斗。"

不论一个人的天资如何、能力怎样，他事业上的成就总不会超过其自信所能达到的高度。如果拿破仑在率领军队越过阿尔卑斯山的时候，只是坐着说："我们是很难翻过这座山的。"无疑，拿破仑的军队永远不会越过那座高山。所以，无论做什么事，坚定不移的自信心都是通往成功之门的金钥匙。

自信比金钱、势力、出身、亲友更有力量，是人们从事任何事业的最可靠的资本。自信能排除各种障碍、克服重重困难，能使事业获得完满的成功。有的人最初对自己有一个恰当的估计，自信能够处处胜利，但是一遇挫折，他们却又半途而废，这是因为他们自信心

别在该努力的时候，只谈梦想

不坚定的缘故。所以，树立了自信心，还要使自信心变得坚定，这样即使遇到挫折，也能不屈不挠、向前进取，绝不会因为一时的困难而放弃。

那些成就伟大事业的卓越人物在开始做事之前，总是会具有充分信任自己能力的坚定的自信心，深信所从事之事业必能成功。这样，在做事时他们就能付出全部的精力，破除一切艰难险阻，直达成功的彼岸。

美国NBA（美国职业篮球联赛）中有支夏洛特黄蜂队，黄蜂队有一位身高仅1.60米的球员，他就是蒂尼·博格斯——NBA最矮的球星。博格斯这么矮，怎么能在巨人如林的篮球场上竞技，并且跻身大名鼎鼎的NBA球星之列呢？这是因为博格斯的自信。

博格斯从小就喜爱篮球，可因长得矮小，伙伴们都瞧不起他。有一天，他很伤心地问妈妈："妈妈，我还能长高吗？"妈妈鼓励他："孩子，你能长高，长得很高很高，会成为人人都知道的大球星。"从此，长高的梦像天上的云一样在他心里飘动着，每时每刻都在闪烁希望的火花。

"业余球星"的生活即将结束了，博格斯面临着更严峻的考验——1.60米的身高能打好职业赛吗？

蒂尼·博格斯横下一条心，要靠1.60米的身高闯天下。"别人说我矮，反而成了我的动力，我偏要证明矮个子也能做大事情。"在威克·福莱斯特大学和华盛顿子弹队的赛场上，人们看到蒂尼·博格斯简直就是个"地滚虎"，从下方来的球90%都被他收走，他虽个儿矮，但他可以飞速地低运球过人……

后来，蒂尼·博格斯进入了夏洛特黄蜂队（当时名列 NBA 第3），在他的一份技术分析表上写着：投篮命中率 50%，罚球命中率 90%……

一份杂志专门为他撰文，说他个人技术好，发挥了矮个子重心低的特长，成为一名使对手害怕的断球能手。"夏洛特的成功在于博格斯的矮"，不知是谁喊出了这样的口号，许多人都赞同这一说法，许多广告商也推出了"矮球星"的照片，上面是博格斯淳朴的微笑。

他曾多次被评为该队的最佳球员。

博格斯至今还记得当年他妈妈鼓励他的话，虽然他没有长得很高很高，但可以告慰妈妈的是，他已经成为人人都知道的大明星了。

后来，这位矮星说，他要写一本传记，主要是想告诉人们："要相信自己，只有相信自己才能成功。"

这个故事告诉我们，名人也不是完美的，他们也不是生来就是自信的，他们也有过不自信的时候，但是，他们的成功在于他们不断地磨炼和提升了自己的自信，因此，只有把自信深深扎根于我们心中，我们才能更好地利用自信，那么，我们应该如何来培养自己的自信呢？

1. 建立自信，首先要了解自己，认识自己，根据自身的条件和现实环境，使自己的长处得到发挥。

2. 不论什么集会，都要鼓足勇气，坐到最前排。

3. 当别人和自己说话时，要正视对方的眼睛，要让对方感觉到你们是平等的，你有信心赢得他的敬重。

别在该努力的时候，只谈梦想

4. 通过提高自己走路的速度来改变自己的心情。

5. 养成主动与别人说话的习惯来增强自己的自信心。

6. 经常默读"有志者事竟成","积少成多，聚沙成塔","黑暗中总有一线光明"等励志的谚语，增强自己的自信心。

7. 经常放声大笑。

只要你还能去追，就应该不抱怨地前进

人生如同一只在大海中航行的帆船，掌握帆船的航向与命运的舵手便是自己。有的帆船能够乘风破浪，逆水行舟，而有的却经不住风浪的考验，过早地离开大海，或是被大海无情地吞噬。之所以会有如此大的差别，不在别的，而是因为舵手对待生活的态度不同。前者被乐观主宰，即使在浪尖上也不忘微笑；后者是悲观的信徒，即使起一点风也会让他们胆战心惊，祈祷好几天。一个人或是面对生活闲庭信步，抑或是消极被动地忍受人生的凄风苦雨，都取决于其对待生活的态度。

生活如同一面镜子，你对它笑，它就对你笑；你对它哭，它也以哭脸相示。

一个人快乐与否，不在于他处于何种境地，而在于他是否持有一颗乐观的心。对于同一轮明月，在泪眼蒙眬的柳永那里就是："杨柳岸，晓风残月。此去经年，应是良辰好景虚设。"而到了潇洒飘逸、意气风发的苏轼那里，便又成为："但愿人长久，千里共婵娟。"同是一轮明月，在持不同心态的人眼里，便是不同的，人生也是如此。

上天不会给我们快乐，也不会给我们痛苦，它只会给我们生活的作料，调出什么味道的人生，那只能在我们自己。你可以选择从一个快乐的角度去看待它，也可以选择从一个痛苦的角度去看待它，同做饭一样，你可以做成苦的，也可以做成甜的。所以，你的生活是笑声不断，还是愁容满面；是披荆斩棘、勇往直前，还是缩手缩脚、停滞不前，这不在他人，都在你自己。

在人生的旅途上，我们必须以乐观的态度来面对失败。因为在人生之路上，一帆风顺者少，曲折坎坷者多，成功是由无数次失败构成的，正如美国通用电气公司创始人沃特所说："通向成功的路就是，把你失败的次数增加一倍。"但失败对人毕竟是一种"负性刺激"，总会使人产生不愉快、沮丧、自卑。那么，如何面对、如何自我解脱，就成为能否战胜自卑、走向自信的关键。

面对挫折和失败，唯有乐观积极的心态才是正确的选择。其一，做到坚韧不拔，不因挫折而放弃追求；其二，注意调整、降低原先脱离实际的"目标"，及时改变策略；其三，用"局部成功"来激励自己；其四，采用自我心理调适法，提高心理承受能力。

既然乐观的性格对于我们每一个人来说是如此之重要，那么，我们更应该注意加强对乐观心态的培养：

一、要心怀必胜、积极的想法

当我们开始运用积极的心态并把自己看成成功者时，我们就开始成功了。但我们绝不能仅仅因为播下了几粒积极乐观的种子，然后

别在该努力的时候，只谈梦想

指望不劳而获，我们必须不断给这些种子浇水，给幼苗培土施肥，才会收获成功的人生。

二、用美好的感觉、信心与目标去影响别人

随着你的行动与心态日渐积极，你就会慢慢获得一种美满人生的感觉，信心日增，人生的目标也越来越清晰，而别人也会被你所吸引，进而被你所影响。

三、学会微笑

微笑是上帝赐给人类的专利，微笑是一种令人愉悦的表情。面对一个微笑着的人，你会油然感到他的自信、友好，同时这种自信和友好也会感染你，使你也油然而生出自信和友好来，使你和对方亲切起来。微笑可以鼓舞对方，可以融化人们之间的陌生和隔阂。

永远也不要消极地认为什么事都是不可能的。首先你要认为你能，然后去尝试、再尝试，最后你发现你确实能。所以，把"不可能"从你的字典里去掉，把你心中的这个观念铲除掉。谈话中不提它，想法中排除它，态度中去掉它、抛弃它，不再为它提供理由，不再为它寻找借口，用"可能"代替它。

四、经常使用自动提示语

积极心态的自动提示语不是固定的，只要是能激励我们积极思考、积极行动的词语，都可以成为自我提示语。经常使用这种自我激发行动的语句，并融入自己的身心，就可以保持积极心态，抑制消极心态，形成强大的动力，进而达到成功的目的。

原谅生活，是为了更好地生活

我们在茫茫人世间，难免会与别人产生误会、摩擦。如果不注意，在我们轻动仇恨之时，仇恨袋便会悄悄成长，最终会导致堵塞了通往成功之路。所以我们一定要记着在自己的仇恨袋里装满宽容，那样我们就会少一分烦恼，多一分机遇。宽容别人也就是宽容自己。

学会宽容，对于化解矛盾、赢得友谊，保持家庭和睦、婚姻美满，乃至事业的成功都是必要的。因此，在日常生活中，无论对子女、对配偶、对同事、对顾客等都要有一颗宽容的爱心。

哲人说，宽容和忍让的痛苦能换来甜蜜的结果。这话千真万确。古时候有个叫陈嚣的人，与一个叫纪伯的人做邻居。有一天夜里，纪伯偷偷地把陈嚣家的篱笆拔起来，往后挪了挪。这事被陈嚣发现后，心想，你不就是想扩大点地盘吗，我满足你。他等纪伯走后，又把篱笆往后挪了一丈。天亮后，纪伯发现自家的地又宽出了许多，知道是陈嚣在让他，他心中很惭愧，主动找到陈家，把多侵占的地统统还给了陈家。

忍让和宽容说起来简单，可做起来并不容易。因为任何忍让和宽容都是要付出代价的，甚至是痛苦的代价。人的一生都会碰到个人的利益受到他人有意或无意的侵害的事情。为了培养和锻炼良好的素质，你要勇于接受忍让和宽容的考验，即使感情无法控制时，也要管住自己的大脑，忍一忍，就能抵御急躁和鲁莽，控制冲动的行为。如果能像陈嚣那样再寻找出一条平衡自己心理的理由，说服自己，那就

别在该努力的时候，只谈梦想

能把忍让的痛苦化解，产生出宽容和大度来。

生活中有许多事当忍则忍，能让则让。忍让和宽容不是怯懦胆小，而是关怀体谅。忍让和宽容是给予，是奉献，是人生的一种智慧，是建立人与人之间良好关系的法宝。一个人经历一次忍让，会获得一次人生的靓丽，经历一次宽容，会打开一道爱的大门。

宽容是一种艺术，宽容别人不是懦弱，更不是无奈的举措。在短暂的生命中学会宽容别人，能使生活中平添许多快乐，使人生更有意义。当我们在憎恨别人时，心里总是愤愤不平，希望别人遭到不幸、惩罚，却又往往不能如愿，一种失望、莫名烦躁之后，使我们失去了往日那轻松的心境和欢快的情绪，从而心理失衡；同时，在憎恨别人时，由于疏远别人，只看到别人的短处，言语上贬低别人，行动上敌视别人，结果使人际关系越来越僵，以致树敌为仇。我们"恨死了别人"，这种嫉恨的心理对我们的不良情绪起了不可低估的作用。

而且，今天记恨这个，明天记恨那个，结果朋友越来越少，对立面越来越多，这会严重影响人际关系和社会交往，使自己成为"孤家寡人"。这样一来，不仅负面生活事件越来越多，而且自身的承受能力也越来越差，社会支持则不断减少，以致情绪一落千丈，且一蹶不振。可见，憎恨别人，就如同在自己的心灵深处种下了一粒苦种，不断伤害着自己的身心健康，而不是如己所愿地伤害被我们所憎恨的人。所以，在遭到别人伤害、心里憎恨别人时，不妨做一次换位思考，假如你自己处于这种情况，会如何应付？当你熟悉的人伤害了你时，想想他往日在学习或生活中对你的帮助和关怀，以及他对你的一切好，这样，心中的火气、怨气就会大减，就能以包容的态度谅解别人的过错或消除相互之间的误会，化解矛盾，和好如初。这样，包容的是别人，受益的却是自己。自己就能始终在良好的人际关系中心情舒畅地学习与工作。

无论你一生中碰到如何不顺利的事情，遭遇如何凄凉的境界，你仍然可以在你的举止之间显示出你的包容、仁爱，你的一生将受用无穷。

春秋时期，楚庄王是个既能用人之长又能容人之短的人。

在一次庆功会上，楚庄王的爱姬许姬为大臣们倒酒。忽然一阵风吹来，把点燃的蜡烛刮灭了，大厅里一片漆黑。黑暗中有人拉了许姬飘舞起来的衣袖。聪明的许姬便趁势摘下了那个人的帽缨，接着便大声请求庄王掌灯追查。胸怀大度的庄王认为，这个臣子可能是酒后失态，不足为怪。庄王对许姬说："武将们是一群粗人，发了酒兴，又见了你这样的美人，谁能不动心？如果查出来治罪，那就没趣了。"他立即宣布，此事不必追查。还让在座的人都在黑暗中取下帽缨，并为这次宴会取名为"摘缨会"。

后来，吴国攻打楚国。有个叫唐狡的将军作战英勇，屡立战功。事后，他找到庄王，当面认罪说："臣乃先殿上绝缨者也！"

由于楚庄王胸襟开阔，宽厚待人，对下属不求全责备，于是才保住了人才，调动了他们最大的积极性。

其实，学着去宽容地对待别人和自己并没有我们想象中的那么难，在我们生活中的一些细节之处能做到以下几点就很不错了：

一、得理且饶人

不要抓住他人的错误或缺点不放，得饶人处且饶人，这样不仅会

别在该努力的时候，只谈梦想

减少矛盾，也会提升自己的善良品质，进而会形成一种良好的社会风气。这种与人为善、悲悯众生的品德，正是人类生存所需要的美德。有缺陷，有急难，甚至有罪的芸芸众生，谁没有一处两处需要别人帮助呢？从根本上说，谁又有资格装出天主的样子来审判和惩罚他人呢？谁没有偶尔疏忽或急中出错，需要别人宽恕的时候呢？如果我们拘泥于这种低层次的偏执，则不仅会使他人尴尬难堪，悲从中生，也会让自己无端生仇。而且在人的这种相互计较中，社会阴暗面提升了。从某种意义上说，向善大于任何对错是非和人间法律。记住这些话，不为难人，得饶人处且饶人。不仅对一般人，也包括那些与我们结有仇怨，甚至是怀有深仇大恨的人。做人要给他人善缘，对他人宽容。

二、爱我们的敌人

"爱我们的敌人"是一个颠扑不破的真理。在这个世界上，充满包容的心灵是不会有任何敌人的。爱我们的敌人，这一处世之道包含了真知灼见，因为如果憎恨我们的敌人，只会使正在燃烧的怒火火上浇油，而宽容则能熄灭我们的仇恨之火。

在我们身上有这样一种规则：用善意来回应善意，用凶残来回应凶残。即使是动物也会对我们的各种思想做出相应的反应。1 个驯兽员通过亲切友好的善意，用 1 根细绳便能指挥一头野兽，但如果靠暴力，也许 10 个人都不能将这只野兽动一下。一个佛教徒说："如果一个人对我不怀好意，我将慷慨地施予我的包容、仁爱之意。他的邪恶意图越强，我的善良之意也就越多。"

三、善于自制

我们要宽容一个侵犯我们尊严、利益的人，这宽容中本来就包含着自制的内容。一个不能控制自己的人，往往情绪激动、指手画脚，就会把本来可以办成的事办砸了。这是成大事者的大戒。

因此，为人处世要以身作则。只有自己做好了，才能让别人信服，同样，只有有自制力的人，才能很好地宽容他人。

四、求同存异

人与人之间的冲突，很多是因为个性上的差异。其实，只要我们用宽容的心态求同存异，人际关系肯定会有很大改观的。和人相处，如果总是强调差异，就不会相处融洽。强调差异会使人与人之间的距离越来越远，甚至最终走向冲突。

要减少差异，就要设身处地地为别人着想，以达成共识。为别人着想，就会产生同化，彼此间的关系就会更加融洽。如果把注意力放在别人和自己的共同点上；与人相处就会容易一些。同化就是找共同点。

用宽容之心把自己融进对方的世界，这个时候，无须恳求、命令，两人自然就会合作做某件事情。没有人愿意和那些跟自己作对的人合作。在人与人交往的过程中，每一个人都会有意无意地在想："这人是不是和我站在同一立场上？"人与人之间的关系，要么非常熟悉，要么非常冷漠，要么立场相同，要么南辕北辙。不管人和人有多么不同，在这一点上，你和你眼中的对手倒是一致的。唯有先站在同一立场上，两人才有合作的可能。就算是对手，只要你找出和他的共同利益关系，你们就可以走到一起来。

别在该努力的时候，只谈梦想

勇气不是没有恐惧，而是即使恐惧依旧坚持下去

一个人要想干成一番事业，不但会遭遇挫折，而且还会遭逢困难和艰辛。

困难只能吓住那些性格软弱的人。对于真正坚强的人来说，任何困难都难以迫使他就范。相反，困难越多，对手越强，他们就越感到拼搏有味道。黑格尔说："人格的伟大和刚强只有借矛盾对立的伟大和刚强才能衡量出来。"

在困难面前能否有迎难而上的勇气有赖于和困难拼搏的心理准备，也有赖于依靠自己的力量克服困难的坚强决心。许多人在困境中之所以变得沮丧，是因为他们原先并没有与困难作战的心理准备，当进展受挫、陷入困境时便张皇失措，或怨天尤人，或到处求援，或借酒消愁。这些做法只能徒然瓦解自己的意志和毅力，客观上是帮助困难打倒自己。他们不打算依靠自己的力量去克服困难，结果，一切可以征服困难的可行计划便都被停止执行，本来能够克服的困难也变得不可克服了。还有的人，面对很大的困难不愿竭尽自己的全力，当攻不动困难时，便心安理得地寻找理由："不是我不努力，而是困难太大了。"不言而喻，这种人永远也找不到克服困难的方法。

问题不仅仅是生活中可以接受的一部分，而且对于阅历丰富的人而言，它也是必不可少的。如果你不能聪明地利用你的问题，就绝不会掌握任何技能。最重要的是，任何时候，你都不要退缩。如果你现在不去面对问题，不去解决它，那么，日后你终将遇到类似的问

题。把你的失望降低到最低程度，你才会认识到，心灵上能够逾越困境才是受用一生的最大财富。

看到成功人士的成功，看到那份勇气，你会多少有点贪恋。正是这份勇气才使成大事者成功。他们在生活中跌倒，能够爬起来；他们在生活中被困扰，能够寻找出口。他们总是把自己过去的失败看作一种勇气的复得。而你现在要做的就是找到这份勇气，去揭开生活的秘密。

1983 年，布森·哈姆徒手攀壁，登上纽约的帝国大厦，在创造了吉尼斯纪录的同时，也赢得了"蜘蛛人"的称号。

美国恐高症康复联席会得知这一消息，致电"蜘蛛人"哈姆，打算聘请他做康复协会的顾问。

哈姆接到聘书后，打电话给联席会主席约翰逊，要他查一查第1042 号会员，约翰逊很快就找到了 1042 号会员的个人资料，他的名字正是布森·哈姆。原来他们要聘请做顾问的这位"蜘蛛人"本身就是一位恐高症患者。

恐高症康复联席会主席约翰逊对此大为惊讶。一个站在二楼阳台上都心跳加快的人，竟然能徒手攀上 400 多米高的大楼，他决定亲自去拜访一下布森·哈姆。

约翰逊来到费城郊外的布森住所。这儿正在举行一个庆祝会，十几名记者正围着一位老太太拍照采访。

原来布森·哈姆 94 岁的曾祖母听说他创造了吉尼斯纪录，特意从 100 千米外的家乡徒步赶来，她想以这一行动为哈姆的纪录添彩。

谁知这一异想天开的做法，无意间竟创造了一个老人徒步行走

别在该努力的时候，只谈梦想

的世界纪录。

有一位记者问她，当你打算徒步而来的时候，你是否因年龄关系而动摇过。

老太太精神矍铄，说，小伙子，打算一口气跑100千米也许需要勇气，但是走一步路是不需要勇气的，只要你走一步，接着再走一步，然后一步再一步，100千米也就走完了。约翰逊站在一旁，一下子明白了哈姆登上帝国大厦的奥秘，原来他有向上攀登一步的勇气。

是的，真正坚强的人，不但在碰到困难时不害怕困难，而且在没有碰到困难时，还积极主动地寻找困难，他们是具有更强成就欲的人，是希望冒险的开拓者，他们更有希望获得成功。

要善于检验你人格的伟大力量。你应该常常扪心自问，除了自己的生命，一切都已丧失了以后，在你的生命中还剩余些什么？即在遭受失败以后，你还有多少勇气？假使你在失败之后，从此振作不起，放手不干而自甘屈服，那么别人就可以断定，你根本算不上什么人物；但假如你能雄心不减、进步向前，不失望、不放弃，则可以让别人知道，你的人格之高、勇气之大，是可以超过你的损失、灾祸与失败的。

或许你要说，你已经失败很多次，所以再试也是徒劳无益；你跌倒的次数过多，再站立起来也是无用。对于有勇气的人，绝没有什么失败！不管失败的次数怎样多，时间怎样晚，胜利仍然是可期的。

当然，勇敢也是可以培养出来的。

英国现代杰出的现实主义戏剧家萧伯纳以幽默的演讲才能著称于世。可他在青年时，却羞于见人，胆子很小。若有人请他去做客，他总是在人家门前忐忑不安地徘徊很久，却不敢直接去按门铃。

美国著名作家马克·吐温谈起他首次在公开场合演说时，说他那时仿佛嘴里塞满了棉花，脉搏快得像田径赛跑中争夺奖杯的运动员。

可是他们后来都成了大演说家，这完全是勇于训练的结果。要克服说话胆怯的心理，可以从以下几个方面做起：

1. 树立信心。只要树立信心，不怕别人议论，用自己的行动来鼓励自己，就肯定会获得成功。

2. 积极参加集体活动。参加集体活动是帮助克服恐惧感，减少退缩行为的好办法。

3. 客观评价自己。相信自己的才能，多肯定自己，并用积极进取的态度看待自己的不足，减少挑剔，摆脱自我束缚。

要克服与人交往、与人交谈的恐惧，以下几种方法是有效的训练手段：

1. 训练自己盯住对方的鼻梁，让人感到你在正视他的眼睛。

2. 径直迎着别人走上前去。

3. 开口时声音洪亮，结束时也会强有力；相反，开始时声音细弱，闭嘴时也就软弱。

4. 学会适时地保持沉默，以迫使对方讲话。

5. 会见一位陌生人之前，先列一个话题单子。

其实，勇气就是这么来的，越是困难的工作，越勇于承担，硬着头皮，咬紧牙关，强迫自己深入进去。随着时间的推移，会由开始的生疏到后来的熟练，由开始的紧张到后来的轻松，慢慢体会到自己的力量，增强自信心和勇气。

别人越泼你冷水，越要让自己热气腾腾

唯有坚韧不拔才能克服任何困难。一个人有了持久心，谁都会对他赋予完全的信任；有了持久心的人到处都会获得别人的帮助。对于那些做事三心二意、无精打采的人，谁都不愿信任或援助他，因为大家都知道他们做事靠不住。

探究一些人失败的原因，并不是他们没有能力、没有诚心、没有希望，而是因为他们没有坚韧不拔的持久心，这种人做起事来往往有头无尾、东拼西凑。他们怀疑自己是否能够成功，永远决定不了自己究竟要做哪一件事，有时他们看好了一种工作，以为绝对有成功的把握，但中途又觉得还是另一件事比较妥当顺利。这种人到头来总是以失败告终，对他们所做的事不仅别人不敢担保，而且连他们自己也毫无把握。他们有时对目前的地位心满意足，但不久又产生种种不满的情绪。

坚韧，是克服一切困难的保障，它可以帮助人们成就一切事情，达到理想。

有了坚韧，人们在遇到大灾祸、大困苦的时候，就不会无所适从；在各种困难和打击面前，仍能顽强地生活下去。世界上没有其他东西可以代替坚韧，它是唯一的，是不可缺少的。

坚韧，是所有成就大事业的人的共同特征。他们中有的人或许没有受过高等教育，或许有其他弱点和缺陷，但他们一定都是坚韧不拔的人。劳苦不足以让他们灰心，困难不能让他们丧志。不管遇到什么曲折，他们都会坚持、忍耐着。

　　以坚韧为资本去从事事业的人，他们所取得的成功，比以金钱为资本的人更大。许多人做事有始无终，就因为他们没有充足的坚韧力，使他们无法达到最终的目的。然而，一个伟大的人，一个有坚韧力的人却绝非这样。他不管任何情形，总是不肯放弃，不肯停止，而在再次失败之后，会含笑而起，以更大的决心和勇气继续前进。他不知失败为何物。

　　做任何事，是否不达目的不罢休，这是测验一个人品格的一种标准。坚韧是一种极为可贵的德行。许多人在情势顺利时肯随大众向前，也肯努力奋斗。但当大家都退出，都已后退时，还能够独自一人孤军奋战的人，才是难能可贵的。这需要很强的坚韧力。

　　对于一个希望获得成功的人，要始终不停地问自己："你有耐性、有坚韧力吗？你能在失败之后，仍然坚持吗？你能不管任何阻碍，一直前进吗？"

　　你只有充分发挥自己的天赋和本能，才能找到一条连接成功的通天大道。一个下定决心就不再动摇的人，无形之中能给人一种最可靠的保证，他做起事来一定肯负责，一定有成功的希望。因此，我们做任何事，事先应打定一个尽善的主意，一旦主意打定之后，就千万不能再犹豫了，应该遵照已经订好的计划，按部就班地去做，不达目的绝不罢休。举个例子来说：一位建筑师打好图样之后，若完全依照

　　　　　　　　别在该努力的时候，只谈梦想

图样，按部就班地去动工，一所理想的大厦不久就会成为实物，倘若这位建筑师一面建造，一面又把那张图样东改一下，西改一下，试问这所大厦还有成功之日吗？成功者的特征是：绝不因受到任何阻挠而颓丧，只知道盯住目标，勇往直前。世上绝没有一个遇事迟疑不决、优柔寡断的人能够成功。

获得成功有两个重要的前提：一是坚决，二是忍耐。人们最相信的就是意志坚定的人，当然意志坚定的人有时也许会遇到艰难，碰到困苦、挫折，但他绝不会惨败得一蹶不振。我们常常听到别人问："他还在干吗？"这就是说："那个人的前途还没有绝望。"

如何培养坚韧的性格？很简单，只要你确定了人生的目标，专注于你的目标，那么你所有的思想、行动及意念都会朝着那个方向前进。韧性是身体健康的一部分，不管发生了什么情况，你必须具有坚持工作完成到底的能力。韧性是身体健康和精神饱满的一种象征，这也是你成为领导者并赢得卓越的驾驭能力所必需的一种个人品质。韧性是与勇气紧密相关的，当真正遇到困难时你所必备的一种坚持到底的能力，是既得具有可以跑上几千米的能力，还得具有百米冲刺的能力。韧性是需要忍受疼痛、疲劳、艰苦，并体现在体力上和精神上的持久力。

韧性是你在极其艰苦的精神和肉体的压力下所具有的长期从事卓有成效的工作能力，忍耐力是需要你长时间付出额外的努力的。坚韧是一种你想具备卓越的驾驭人的能力所必须培养的重要的个人品质。

谦逊的空杯才能盛更多的水

自古以来，我国人民就有谦虚的美德，有许多这方面的格言警句启迪后人。如"谦受益，满招损"，"谦虚使人进步，骄傲使人落后"，"虚心竹有低头叶，傲骨梅无仰面花"，"百尺竿头，还要更进一步"。

事实上也是如此，没有一个人能够有骄傲的资本，因为任何一个人，即使他在某一方面的造诣很深，也不能说他已经彻底精通、彻底研究全了。"生命有限，知识无穷"，任何一门学问都是无穷无尽的海洋，都是无边无际的天空……所以，谁也不能够认为自己已经达到了最高境界而停步不前、趾高气扬。如果那样的话，则必将很快被同行赶上，很快被后人超过。

爱因斯坦是 20 世纪世界上最伟大的科学家之一，他的相对论以及他在物理学界其他方面的研究成果，留给我们的是一笔取之不尽、用之不完的财富。然而，即使这样，他还是在有生之年不断地学习、研究，活到老，学到老。

有人问爱因斯坦，说："您可谓是物理学界空前绝后的人才了，何必还要孜孜不倦地学习呢？何不舒舒服服地休息呢？"

爱因斯坦并没有立即回答他这个问题，而是找来一支笔、一张纸，在纸上画上一个大圆和一个小圆，对那位年轻人说："在目前的情况下，在物理学这个领域里可能是我比你懂得略多一些。正如你所知的是这个小圆，我所知的是这个大圆，然而整个物理学知识是无边

别在该努力的时候，只谈梦想

无际的。对于小圆，它的周长小，即与未知领域的接触面小，你感受到自己的未知少；而大圆与外界接触的这一周长大，所以更感到自己的未知东西多，会更加努力去探索。"

"宽阔的河流平静，学识渊博的人谦虚。"凡是对人类发展做出巨大贡献的伟大人物，都有着谦逊的美德。

曾经有人问牛顿："你获得成功的秘诀是什么？"牛顿回答说："假如我有一点微小成就的话，没有其他秘诀，唯有勤奋而已。"他又说："我之所以比别人望得远些，是因为站在巨人的肩膀上。"这些话多么意味深长啊！晚年的牛顿曾经这样总结过自己："在我自己看来，我不过就像一个在海滨玩耍的小孩，为不时发现比寻常更为光滑的一块卵石或比寻常更为美丽的一片贝壳而沾沾自喜，而对于展现在我面前的浩瀚的真理的海洋，却全然没有注意。"

我国的大科学家竺可桢，在离他逝世两个星期前的一天里，当他得知外孙女婿来到他家，便迫不及待地叫他讲授高能物理基本粒子的基本知识。老伴劝他："你连坐都支持不住，还问这些干什么？"竺老听了老伴的话儿，一边咳嗽一边说："不成，我知道得太少。"

好一个"我知道得太少"！竺可桢在气象学上辛勤耕耘，数十年如一日地进行长期观察研究，一生硕果累累。谁能想到，一个蜚声中外的科学家，竟还在84岁的高龄，在生命处于垂危之际，先后5次向晚辈求教"补课"，孜孜不倦。这正是谦逊好学、不耻下问、甘拜人师，永不满足这一科学传统美德在一个大科学家身上的生动体现，也正是他能走向人生光辉顶点的基本要求。有如此之卓越成就的人都如此之谦虚，那么作为平凡人的我们又有什么理由去骄傲自大呢？所以，每当你骄傲自满时，一定别忘了提醒自己去丈量一下巨人的肩膀，这样你便会发现自己是多么渺小而微不足道，这样，你才会用一颗空杯的心更加地充实自身。

别在该理性的时候太感性

理智表现为一种明辨是非、通晓利害以及控制自己行为的能力。具备这种能力，并且使之成为一种持续的倾向时，你便拥有了理智的性格。

凡是具备理性性格的人，性情稳定、思想成熟、思维全面、做事周密，因此成功的概率很高。

想必大家也都知道大名鼎鼎的索罗斯，他就是一个十分理性的人，也正是理性助他最终成功。

1969 年，索罗斯与杰姆·罗杰斯合伙以 25 万美元起家，创立了"双鹰基金"，专门经营证券的投资与管理。1979 年，他把"双鹰基金"更名为"量子基金"，以纪念德国物理学家海森伯。海森伯发现了量子物理中的"测不准原理"，而索罗斯对国际金融市场的一个最基本的看法就是"测不准"。这个在思想上缺乏天赋却曾苦苦研读哲学的知识分子，在投机行为大获成功之后再一次确定了他的观点：金融市场是毫无理性可言的。

索罗斯曾经说过："测不准理论有其合理的地方。人类发展的过程不是直线的，而是一个反复选择的过程。这个反复选择基本上是一个循环。人类的决策在很大程度上决定了历史进程，反过来，历史的进程又影响领导人和个人做出针对这个大的社会环境的决策。"所以，测不准是金融市场最基本的原则。

他曾经坦言，在亚洲金融风暴中，他也亏了很多。因为他也测不准，他也出错了。所以，短期的投资走向他不预测，因为太容易证明自己的判断是错误的。

20世纪70年代后期，索罗斯的基金运作十分成功。

1992年9月1日，他在曼哈顿调动了100亿美元，赌英镑下跌。当时，英国经济状况越来越糟，失业率上升，通货膨胀加剧。梅杰政府把基金会的大部分工作交给了年轻有为的斯坦利·杜肯米勒管理。杜肯米勒针对英国财政的漏洞，想建一个30亿到40亿美元的放空英镑的仓位，索罗斯的建议是将整个仓位建在100亿美元左右，这是"量子基金"全部资本的一倍多。索罗斯必须借30亿美元来一场大赌博。

最终，索罗斯胜了。9月16日，英国财务大臣拉蒙特宣布提高利率。这一天被英国金融界称为"黑色星期三"。

杜肯米勒打电话告诉索罗斯，他赚了9.58亿美元。事实上，索罗斯这次赚得近20亿美元，其中10亿来自英镑，另有10亿来自意大利里拉和东京的股票市场。整个市场卖出英镑的投机行为击败了英格兰银行，索罗斯是其中一股较大的力量。在这次与英镑的较量中，索罗斯等于从每个英国人手中拿走了12.5英镑。但对大部分英国人来说，他是个传奇英雄，英国民众以典型的英国式作风说："他真行，如果他因为我们政府的愚蠢而赚了 10 亿美元，那他一定很聪明。"

索罗斯曾把他的投资理论写成《金融炼金术》一书，阐述了他关于国际金融市场"对射理论"和"盛衰理论"的认识。他认为参与市场者的知觉已影响了他们参与的市场，市场的动向又影响他们的知觉，因此他们无法得到关于市场的完整的认识，但市场有自我强化的功能，繁盛中有衰落的前奏。

在索罗斯走向成功的过程中，理性的思考、判断、分析、选择起到了至关重要的作用。任何成功都是一个复杂的过程，缺乏这样的理性前提，成功就是无源之水、无本之木。成功在某种程度上可以说是理智的产物。

要培养自己理智的性格，主要把握以下两个方面：

一、学会理性思考

对于一个追求成功的人来说，培养理性思考的习惯十分重要。善于理性思考的人遇事不乱，能够保持冷静的头脑，能够具有良好的判断能力。

英国商人杰克到中国来旅游，看到大街上的人都显得很匆忙，于是问导游："为什么他们看上去这么匆忙？有很多事要做吗？需要多少时间？"导游回答说："他们早上去上班，每天工作 8 个小时，加上路上的时间，少说也得十来个小时，这是很正常的现象啊。难道你们不忙吗？"

杰克说："并不像你想的那样，真正善于思考的人应该生活得清闲又富余，做 1 小时的工作所得的报酬超过一般人做 10 个小时的所得。这些人整天忙忙碌碌，累了就睡，醒来又工作，根本不给自己思

别在该努力的时候，只谈梦想

考的时间，生活的状况也就无法改变。如果他们能多一点思考，一定不会如此忙碌，也不会平平淡淡地过完这一生。"

这位商人的话形象地说明，如果充分发挥理性思考的作用，将从本质上改变我们的人生。

二、由表及里

一个不能通过表面现象看到事物本质的人不会是成功者。

加利福尼亚曾经出现过一股淘金热潮，年仅 17 岁的约翰也加入此次浪潮之中。他来到加利福尼亚以后，却发现加州并不是遍地黄金，更重要的是人们淘金的山谷水源奇缺，于是在经过理性分析后，他决定避开热潮，不去淘金，而是去找水源。几经周折，约翰终于找到了水源。众多淘金者终日劳累，也不可能挖到多少金矿。而他为这些人提供饮水，却成为一位富翁。

理智的性格，应该是不为表象所迷惑，而是从现象到本质，由表及里，这样才会获得与众不同的成功。

不仅如此，理性的人还十分擅长理财，他们总是运用他们的理性来进行理财，从而让自己变得富裕，因此，运用理性进行理财也是我们应该学习的一个方面。

1. 制订详细的预算计划并养成习惯，然后按照计划去执行。

2. 减少手头的现金。

手头的闲钱少了，头脑发热的消费、财大气粗的消费、互相攀比的消费、虚荣的消费就都少了，能免则免，小钱也能积累成大钱。

3. 养成勤俭节约的习惯。

从点滴做起，节省开支，不管开源做得怎么样，节流总是不错的。从现在开始，应该慢慢培养自己对金钱的感觉，理解了钱的重要性，就会注意自己的开支。没有计划和预算的花费，是对自己辛苦劳动的否定。

别让你的梦想，一直是个空想

　　果断，是指一个人能适时地做出经过深思熟虑的决定，并且彻底地实行这一决定，在行动上没有任何不必要的踌躇和疑虑。果断是成大事者积累成功的资本。

　　果断的个性，能使我们在遇到困难时克服不必要的犹豫和顾虑，勇往直前。有的人面对困难，左顾右盼、顾虑重重，看起来思虑全面，实际上茫无头绪，这样不仅分散了同困难做斗争的精力，更重要的是会销蚀同困难做斗争的勇气。果断的个性在这种情况下，则表现为沿着明确的思想轨道，摆脱对立动机的冲突，克服犹豫和动摇，坚定地采纳在深思熟虑基础上拟定的克服困难的方法，并立即行动起来同困难进行斗争，以取得克服困难的最大效果。

　　果断的个性，能够帮助我们在执行工作和学习计划的过程中，克服和排除同计划相对立的思想和动机，保证善始善终地将计划执行到底。思想上的冲突和精力上的分散，是优柔寡断的人的重要特点。这种人没有力量克服内心矛盾的思想和情感，在执行计划的过程中，尤其是在遇到困难时，往往长时间地苦恼着该怎么办，怀疑自己所做决定的正确性，担心决定本身的后果和实现决定的结果，老是往坏的方面想，犹犹豫豫，因而计划老是执行不好。而果断的个性，则能帮助我们坚定有力地排斥上述这种胆小怕事的、顾虑过多的庸人自扰，把自己的思想和精力集中于执行计划本身，从而加强了自己实现计划、执行计划的能力。

果断的个性，可以使我们在形势突然变化的情况下，能够很快地分析形势，当机立断、不失时机地对计划、方法、策略等做出正确的改变，使其能迅速地适应变化了的情况。而优柔寡断者一旦形势发生剧烈变化就惊慌失措，无所适从。他们不能及时根据变化了的情况重新做出决策，而是左顾右盼、等待观望，以致错失良机，常常被飞速发展的情势远远抛在后面。

可见，果断的个性无论是对领导者还是对普通劳动者，无论是对于工作还是对于生活和学习，都是需要的。

美国钢铁大王安德鲁·卡内基现在早已是成功商业精英的典范，他的事迹被众多成功学大师引为例证。他认为，机遇往往有这样的特点，它是意外突然地来临，又会像电光石火一样稍纵即逝。这个特征要求人们在资料、信息、证据不是很充足，而又来不及做更多搜集、分析的情况下，做出决断。否则，有机不遇，悔恨莫及。

安德鲁·卡内基开始做交易时，也有过犹豫。然而，随着经验的积累，他变得越来越果断，事业也因之越做越大。对铁路不计血本的大投入，就是其果断行事取得成功的极好例证。

美国南北战争结束后，联邦政府与议会首先核准联合太平洋铁路公司，再以它所建造的铁路为中心路线，核准建设另外 3 条横贯大陆的铁路路线。与此同时，各级政府部门还提出了数十条铁路工程计划。这一切都说明，美洲大陆的铁路革命和钢铁时代的来临。

卡内基围绕怎样垄断横贯铁路的铁轨和铁桥的问题，做出了大胆的决断。他在欧洲旅行的途中买下了两项专利。他在伦敦钢铁研究所得知，道兹兄弟发明了把钢分布在铣铁表面的方法，卡内基买下了这项钢铁制造的专利。当时的铁轨制造方法是，先铸造成铣铁，再制成眼下这种铁轨，这种铁轨含有相当多的碳，缺乏弹性，极其容易产生裂纹。而伦敦钢铁研究所发明的这种钢，采用一种特殊方法，在炉中以低温还原矿石时，除去了碳和其他杂质，这样就可以增加约 1/3 的纯度，大大地延长了铁轨的使用年限。卡内基承认，此项专利给他带来了约 2270 千克黄金的利润。

果断的个性，产生于勇敢、大胆、坚定和顽强等多种意志素质的综合。

果断的个性，是在克服优柔寡断的过程中不断增强的。人有发达的大脑，行动具有目的性、计划性，但过多的事前考虑往往使人犹豫不决，陷入优柔寡断的境地。许多人在采取决定时，常常感到这样做不妥，那样做也有困难，无休止地纠缠于细节问题，在诸方案中徘徊犹豫，陷入束手无策和茫然不知所措的境地，这就是事前思虑过多的缘故。大事情是需要深思熟虑的，然而生活中真正称得上大事的并不多。况且，任何事情，总不能等待形势完全明朗时才做决定。事前多想固然重要，但"多谋"还要"善断"，要放弃在事前追求"万全之策"的想法。实际上，事前追求百分之百的把握，结果却常常是一个真正有把握的办法也拿不出来。果断的人在采取决定时，他的决定

别在该努力的时候，只谈梦想

开始时也不可能会是什么"万全之策"，只不过是诸方案中较好的一种。但是在执行过程中，他可以随时依据变化了的情况对原方案进行调整和补充，从而使原来的方案逐步完善起来。"万事开头难"，许多事情开始之前想来想去，这样也无把握，那样也不保险。当减少那些不必要的顾虑后真正下决心干起来，做着做着事情就做顺了。

当然，果断性格也不是天生就有的，它是通过后天锻炼得来的。我们可以通过以下 6 个方面来锻炼自己的果断性格。

1.把握时机，学会决断。每个成功的人在关键时刻都能把握时机，对事情做出果断的决断，而失败的人才犹犹豫豫，不能决断。

艾青说："梦里走了好多路，醒来却依然在床上。"梦想再多也无济于事，只有敢于行动才能实现目标，这也说明了决断是事业成败的关键。

2.善于独立思考，不要被别人的意见所左右，只要是自己认准的事，就全力以赴地去实施。

3.当机遇出现在面前时，千万不要犹豫，因为机遇稍纵即逝。倘若犹豫不决，患得患失，只会错失良机。

4.有勇气为自己的选择负责。人生是一个不断选择的过程，其中最关键的就是要有勇气承担自己选择的后果。每一次选择都有风险，即使失败也不能气馁，勇于对自己的选择负责也是一种果断的表现。

5.做事切忌瞻前顾后，让到手的好机会溜走。要充分把握机会，该下决心的时候，一定要果断、利落。

6.要谨慎。果断做决定时也要谨慎，不要轻率、冒失，要不然害人害己。

因此，果断是一种气质，果断是一种性格，果断是一种意境，果断是一种美，让人感觉希望明朗。果断能给人更多的安全感，果断让人面临更多成功的机会。优柔寡断只能误事。有人说，犹豫不决、优柔寡断足可以毁掉一个天才。即使真正具备某种天赋，我们也要培养果断的性格，切忌做事犹豫不决、优柔寡断。

你有多自律，就有多自由

李嘉诚说："自制是修身立志成大事者必须具备的能力和条件，希望每个人都能做到自制。"

从本质上讲，自制就是你被迫行动前，有勇气自动去做你必须做的事情。自制往往和你不愿做或懒于去做却不得不做的事情相联系。"制"既然是规范，当然是因为有行为会越出这个规范。比如，刷牙洗脸是每天必须要做的事情，但是有一天你回到家筋疲力尽，如果你倒床就睡，是在放纵自己的行为；如果你克服身体上的疲惫，坚持进行洗漱，这是你自制的表现。人们往往会遇到一些让自己讨厌或使行动受阻挠的事情，而在这种情况下，你就应该克服情绪的干扰，接受考验。

自制的方式一般来说有两种：一是去做应该做而不愿或不想做的事情；二是不做不能做、不应做而自己想做的事情。比如，你每

别在该努力的时候，只谈梦想

天早晨坚持锻炼身体，某一天天气特别寒冷，你不想冒着寒冷继续坚持，但是你最终走出家门，继续锻炼，这就属于前者。后者的表现也较多，你喜欢抽烟，但到了无烟室，你必须强忍住内心的欲望不抽烟。

一般情况下，自制和意志是紧密相连的，意志薄弱者，自制能力较差；意志顽强者，自制能力较强。加强自制也就是磨炼意志的过程。

自制对于个人的事业来讲，发挥着重要的作用，加强自制有助于磨砺心志，有助于良好品性的形成，会使人走向成功。

一个商人需要一个小伙计，他在商店里的窗户上贴了一张独特的广告："招聘一位能自我克制的男士。每星期 4 美元，合适者可以拿 6 美元。""自我克制"这个词语在村里引起了议论，而且有点不平常。这引起了男孩们的思考，也引起了父母们的思考。这自然引来了众多求职者。

每个求职者都要经过一个特别的考试。

"能阅读吗，孩子？"

"能，先生。"

"你能读一读这一段吗？"他把一张报纸放在男孩的面前。

"可以，先生。"

"你能一刻不停顿地朗读吗？"

"可以，先生。"

"很好，跟我来。"商人把应聘者带到他的私人办公室，然后把门关上。他把这张报纸送到男孩手上，上面印着他答应不停顿地读完的那一段文字。阅读刚一开始，商人就放出 6 只可爱的小狗，小狗跑到男孩的脚边。这太过分了。男孩经受不住诱惑要看看可爱的小狗。由于视线离开了阅读材料，男孩忘记了自己的角色，读错了。当然他失去了这次机会。

就这样，商人打发了 70 个男孩。终于，有个男孩不受诱惑一口气读完了，商人很高兴。他们之间有这样一段对话：

商人问："你在读书的时候没有注意到你脚边的小狗吗？"

男孩回答道："对，先生。"

"我想你应该知道它们的存在，对吗？"

"对，先生。"

"那么，为什么你不看一看它们？"

"因为我告诉过您我要不停顿地读完这一段。"

"你总是遵守你的诺言吗？"

"的确是，我总是努力地去做，先生。"

商人在办公室里走着，突然高兴地说道："你就是我要的人。明早 7 点钟来，你每周的工资是 6 美元。我相信你大有发展前途。"男孩的发展的确如商人所说。

克制自己是成功的基本要素之一！太多的人不能克制自己，不能把自己的精力投入他们的工作中，完成自己伟大的使命。这可以解释成功者和失败者之间的区别。年轻人，即使天掉下来，你也要克制住自己！要学会自我克制！这是品格的力量。要有克服困难的意志。能够驾驭自己的人，比征服了一座城池的人还要伟大。是"意志"造就人，造就机遇，造就成功。

拿破仑·希尔曾经对美国各监狱的 16 万名成年犯人做过一项调

别在该努力的时候，只谈梦想

查，结果他发现了一个令人惊讶的事实：这些人之所以身陷牢狱，有99%的人是因为缺乏必要的自制，没有理智，从不约束自己的行为，以致走向犯罪的深渊。

人类是有自我意识的高级动物，只要我们有意识地去进行自我控制，一定可以成功。下面是一些有效进行自我控制的方法：

一、尽量不要发怒

"匹夫之怒，以头抢地尔"，发怒不但解决不了问题，而且容易把问题复杂化，容易伤害别人和自己。

二、受到不公平对待时，不要怨天尤人

抱怨是一种消极的心理，不但得不到别人的同情，反而容易引起别人的反感。

三、要改变自己急躁的习惯

有些事情着急也是没有用的，该来的终究会来，该发生的终究会发生。保持镇定自若，稳如泰山。要知道，欲速则不达，急于求成反而会深受其害。

四、受到别人不公平对待时，要抑制住自己的委屈

一个人可以一时受委屈，但不会一世受委屈。就像太阳一样，它是最公正无私的，然而它的光芒也无法照遍地球上的每一个角落。天总有晴空万里的时候，人总有扬眉吐气的时候，关键是自己要看得开、放得下。

五、要抑制住自己悲愤的情绪

社会上的人各色各样，谁都免不了受到伤害。所以，在努力保护自己的同时，要冷静理智地寻求解决问题的办法，而不要悲愤

难当。

六、不要像井底之蛙一样狂妄自大

狂妄会让别人讨厌，会引起别人对自己的排挤。其实，任何能力都有局限性，强中自有强中手，能人背后有能人。

七、学会自我娱乐

我们要经常进行自我娱乐来调节身心，使自己轻松快乐，但不可过度，因为"业精于勤荒于嬉，行成于思毁于随"。

八、不要放纵自己

"酒是穿肠的毒药，色是刮骨的钢刀"，切记不可放纵自己，使自己迷失方向，使自己意志涣散，走向堕落。

自制是在行动中形成的，也只能在行动中体现，除此之外，再没有别的途径。梦想自己变成一个自制的人就会变成一个自制的人吗？靠读几本关于如何自制的书就能成为一个自制的人吗？只是不停地自我检讨就能成为一个自制的人吗？答案都是否定的。

自制的养成是一个长期的过程，不是一朝一夕的事情。因此，要自制首先就得勇敢面对来自各方面的一次次对自我的挑战，不要轻易地放纵自己，哪怕它只是一件微不足道的事情。

自制，同时也需要主动，它不是受迫于环境或他人而采取的行为；而是在被迫之前就采取的行为。前提条件是自觉自愿地去做。

在日常生活中，时时提醒自己要自制，同时你也可以有意识地培养自制精神。比如，针对你自身性格上的某一缺点或不良习惯，限定一个时间期限，集中纠正，效果比较好。

千万不要纵容自己，给自己找借口。对自己严格一点儿，时间长了，自制便成为一种习惯、一种生活方式，你的人格和智慧也因此变得更完美。

每件事未必都有意义，而热忱赋予它生命

黑格尔说："没有热情，世界上没有一件伟大的事能完成。"美国的《管理世界》杂志曾进行过一项调查，他们采访了两组人，第一组是高水平的人事经理和高级管理人员，第二组是商业学校的毕业生。

他们询问这两组人，什么品质最能帮助一个人获得成功，两组人的共同回答是"热情"。

热情与事业的关系，就像火柴与汽油的关系。一桶再纯的汽油，如果没有一根小小的火柴将它点燃，无论它质量再怎么好也不会发出半点光，放出一丝热。而热情就像火柴，它能把你具备的多项能力和优势充分地发挥出来，给你的事业带来巨大的动力。

有一个哲人曾经说过："要成就一项伟大的事业，你必须具有一种原动力——热情。"

英国的乔治·埃尔伯特指出，所谓热情，就是像发电机一般能使电灯发光、机器运转的一种能量，它能驱动人、引导人奔向光明的前程，能激励人去唤醒沉睡的潜能、才干和活力，它是一股朝着目标前进的动力，也是从心灵内部迸发出来的一种力量。

热情是世界上最大的财富。它的潜在价值远远超过金钱与权势。

热情摧毁偏见与敌意，摒弃懒惰，扫除障碍。热情是行动的信仰，有了这种信仰，我们就会无往不胜。

如果能培养并发挥热情的特性，那么，无论你从事哪种工作，你都会认为自己的工作是快乐的，并对它怀着浓厚的兴趣。无论工作有多么困难，需要多少努力，你都会不急不躁地去进行，并做好想做的每一件事情。

热情对于有才能的人是重要的，而对于普通人，它可能是你生命运转中最伟大的力量，会使你获得许多你想要的东西。

热情不是一个空洞的词，它是一种巨大的力量。热情和人的关系如同蒸汽机和火车头的关系，它是人生主要的推动力；也是一个普通人想要生活好、工作好的最关键的心态。

撰写《全美工作圣经》的斯蒂芬·柯维说："一个人若只有一点点热忱是远远不够的。所以，增强热心是必需的。"

那么，怎样才能增强热心呢？以下几个步骤值得尝试。

一、了解是热忱的开始

多年来，奥格·曼狄诺对于现代画一直没有好感，认为它只是由许多乱七八糟的线条所构成的图画而已。直到经一个内行的朋友开导以后，他才恍然大悟："说实在的，有了进一步的了解后，我才发现它真的那么有趣，那么吸引人。"

奥格·曼狄诺发现，想要对什么事热心，先要学习更多你目前尚不热心的事。了解越多，越容易培养兴趣。所以，下次你不得不做一件事时，一定要应用这项原则；发现自己不耐烦时，也要想到这个原则。只有进一步了解事情的真相，才会挖掘出自己的兴趣。

二、无论做什么事情，都要充满热忱

你热心不热心或有没有兴趣，都会很自然地在你的行业上表现出来，没有办法隐瞒。因此，你应该尽量让自己在做任何一件事时都充满热忱，要知道，你的热忱是别人绝对能够感受到的。

三、与人分享好消息

好消息除了引人注意以外，还可以引起别人的好感，引起大家的热心与干劲，甚至帮助消化，使你胃口大开。

因为传播坏消息的人比传播好消息的要多，所以你千万要了解这一点：散布坏消息的人永远得不到朋友的欢心，也永远一事无成。

四、重视他人

每一个人，无论他是哪国人，无论他默默无闻或身世显赫，文明或野蛮，年轻或年老，都有成为重要人物的愿望。这种愿望是人类最强烈、最迫切的一种目标。

只要满足别人的这项心愿，使他们觉得自己重要，你很快就会步上成功的坦途。它的确是"成功百宝箱"里的一件宝贝。这种做法虽然很有效，但懂得使用的人却很少。

五、你的热忱需要行动

热忱是什么？热忱就是将内心的感觉表现到外面来，让我们把重点放在促使人们谈论他们最感兴趣的事上，如果我们做到这一点，说话的人就会不自觉地表现出生机，所以要尽量从人们的内心着手。

大教育家兼心理学家威廉·瓦特确信并证实，感情是不受理智立即支配的，不过它们总是受行动的立即支配。

行动可以是实质的，也可以是心理的。思想将感情从消极改变为积极，行动同样具有刺激性与效力。在这种情况下，行动不论是实质的或心理的，它都领先于感情。你的感情并非经常受理智支配，可是它们却受行动的支配。

所以，要明白这样一个道理：要变得热忱，行动须热忱，并让这个道理深入到潜意识中去。那么，当你在创造过程中精神不振的时候，这个道理就会闪入到你的意识心神中，亦即时机到来，就会激励你采取热忱的行动，变消极为积极，焕发精神，"现在就做"。

六、对自己一日三省

你对人生、对事物、对别人、对自己是持怎样的看法和态度的？若一个人的思想被迟钝、有害的各种病态心理占据着，热情就缺乏生长和生存的土壤。要改变这种状态，关键的是需要自己做出努力，要不断鼓励自己，给自己打气尝试着这样充满信心与热情去投入到工作和生活中，你就必然会成功。

因此，只要我们确立的目标是合理的，并且努力去做个热情积极的人，那么我们做任何事都会有所收获。热情还可以补充精力的不足，发展坚强的个性。爱德华·亚皮尔顿是一位物理学家，发明了雷达和无线电报，获得过诺贝尔奖。《时代》杂志曾经引用他的一句话："我认为，一个人要想在科学研究上取得成就，热情的态度远比专门的知识更重要。"

别在该努力的时候，只谈梦想

你的独立，就是你的底气

"在我的生活中，我就是主角。"这是中国台湾作家三毛的自信之言。

你是你命运的主人，你是你灵魂的舵手。

生命当自主，一个永远受制于人，被人或物"奴役"的人，绝对享受不到创造之果的甘甜。人的发现和创造，需要一种坦然的、平静的、自由自在的心理状态。自主是创新的激素或催化剂。人生的悲哀，莫过于别人替自己选择，这样，就会成为别人操纵的机器，从而失去自我。

你要做自己命运的主宰。

成功者总是自主性极强的人，他们总是自己担负起生命的责任，而绝不会让别人虚妄地驾驭自己。他们懂得必须坚持原则，同时也要有灵活运转的策略。他们善于把握时机，摸准"气候"，适时适度、有理有节。如有时需要"该出手时就出手"，积极奋进，有时则需收敛锋芒、缩紧拳头，静观事态；有时需要针锋相对，有时又需要互助友爱；有时需要融入群体，有时又需要潜心独处；有时需要紧张工作，有时又需要放松休闲；有时需要坚决抗衡，有时又需要果断退兵；有时需要陈述己见，有时又需要沉默以对；有时要善握良机，有时又需要静心守候。人生中，有许多既对立又统一的东西，能辩证待之，方能取得人生的主动权。

善于驾驭自我命运的人是最幸福的人。在生活道路上，必须善于做出抉择，不要总是让别人推着走，不要总是听凭他人摆布，而要勇于驾驭自己的命运，调控自己的情感，做自我的主宰，做命运的主人。

你的一切成功、一切造就，完全取决于你自己。

你应该掌握前进的方向，把握住目标，让目标似灯塔在高远处闪光。你得独立思考，独抒己见。你得有自己的主见，懂得自己解决自己的问题。你不应相信有什么救世主，不该信奉什么神仙，你的品格，你的作为，就是你自己的产物。

的确，人若失去自己，则是天下最大的不幸；而失去自主，则是人生最大的陷阱。赤橙黄绿青蓝紫，你应该有自己的一方天地和特有的色彩。相信自己，创造自己，永远比证明自己重要得多。你无疑要在躁动的、多变的世界面前，打出"自己的牌"，勇敢地亮出你自己。你该像星星、闪电、出巢的飞鸟、出墙的红杏，果断地、毫无顾忌地向世人宣告并展示你的能力，你的风采，你的气度，你的才智。

自主之人，能傲立于世，能力拔群雄，能开拓自己的天地，得到他人的认同。勇于驾驭自己的命运，学会控制自己，规范自己的情感，善于调整自己的精力，自主地对待求学、就业、择友，这是成功的要义。要克服依赖性，不要总是任人摆布自己的命运，让别人推着前行。

独立自主不仅意味着行动上的自立，而且意味着思想上的自立，即凡事能独立思考。成大事者大多善于思考，而且是独立思考。要想成大事的青年，只有养成了独立思考的个性，才能在风风雨雨的事业之路上独创天下。

最早完成原子核裂变实验的英国著名物理学家卢瑟福，有一天

　别在该努力的时候，只谈梦想

晚上走进实验室，当时已经很晚了，见他的一个学生仍俯在工作台上，便问道："这么晚了，你还在干什么呢？"

学生回答说："我在工作。"

"那你白天干什么呢？"

"我也工作。"

"那么你早上也在工作吗？"

"是的，教授，早上我也工作。"

于是，卢瑟福提出了一个问题："那么这样一来，你用什么时间思考呢？"

这个问题提得真好！

拉开历史的帷幕就会发现，古今中外凡是有重大成就的人，在其攀登科学高峰的征途中，都是善于思考而且是独立思考的。据说爱因斯坦狭义相对论的建立，经过了"10年的沉思"。他说："学习知识要善于思考，思考，再思考，我就是靠这个学习方法成为科学家的。"

达尔文说："我耐心地回想或思考任何悬而未决的问题，即使耗费数年亦在所不惜。"

牛顿说："思索，继续不断地思索，以待天曙，渐渐地见得光明，如果说我对世界有些许贡献的话，那不是因为别的，是由于我的辛勤耐久的思索所致。"他甚至这样评价思考："我的成功当归功于精心的思索。"

著名昆虫学家柳比歇夫说："没有时间思索的科学家（如果不是短时间，而是一年、两年、三年），那是一个毫无指望的科学家。他如果不能改变自己的日常生活制度，挤出足够的时间去思考，那他最好放弃科学。"

从这些名言中我们不难得出这样一个道理：独立思考是一个人成功的最重要、最基本的心理品质。所以，养成独立思考的品质是成大事的青年必备的条件。

一位教授强调："要提高你的创造能力，一定要培养自己的独立思考、刻苦钻研的良好品质，千万不要人云亦云，读死书，死读书。"

你能掌握自己，支配好自己，这本身就不失为智者的表现，不失为一种充实的表现，不失为一个幸福的人。

别在该努力的时候，只谈梦想

第六章

你只是有些心累，
并非全世界都跟你作对

你的孤独，虽败犹荣

在这个世界上，每一个人都经历过无数次的失败。当然，也包括成功者在内，他们的成功也并非是一帆风顺的。

没有人不想成为成功者，也没有人不想拥有财富，但很多人在追求财富的过程中要么被困难打败，要么对挫折望而却步、半途而废。如果我们换个角度来看问题就不一样了：世界上根本就没有所谓的失败，只有暂时的不成功。这也正是成功者的信条，正是因为在他们的字典里没有"失败"，他们才不会放弃，才会继续努力，他们知道不成功只是暂时的，总有一天他们会成功！

金融家韦特斯真正开始自己的事业是在 17 岁的时候，他赚了第一笔钱，也是第一次得到教训。那时候，他的全部家当只有 255 块钱。他在股票的场外市场做捐客，在不到一年的时间里，他发了大财，一共赚了 168000 元。拿着这些钱，他给自己买了第一套好衣服，在长岛给母亲买了一幢房子。但是这个时候，第一次世界大战结束了，韦特斯以为和平已经到来，就拿出了自己的全部积蓄，以较低的价格买下了雷卡瓦那钢铁公司。"他们把我剥光了，只留下 4000 元给我。"韦特斯最喜欢说这种话，"我犯了很多错，一个人如果说他从未犯过错，那他就是在说谎。但是，我如果不犯错，也就没有办法学乖。"这一次，他得到了教训。"除非你了解内情，否则，绝对不要买

别在该努力的时候，只谈梦想

大减价的东西。"

他没有因为一时的挫折而放弃，相反，他总结了相关的经验，并相信自己一定会成功。后来，他开始涉足股市，在经历了股市的成败得失后，他赚了一大笔。

1936年是韦特斯最冒险的一年，也是最赚钱的一年。一家叫普莱史顿的金矿开采公司在一场大火中覆灭了。它的全部设备被焚毁，资金严重短缺，股票也跌到了3分钱。有一位名叫陶格拉斯·雷德的地质学家知道韦特斯是个精明人，就说服他把这个极具潜力的公司买下来，继续开采金矿。韦特斯听了之后，拿出35000元支持开采。不到几个月，黄金挖到了，离原来的矿坑只有213英尺。

这时，普莱史顿的股票开始飞涨，不过不知内情的海湾街上的大户还是认为这只股票不过是昙花一现，早晚会跌下来，所以他们纷纷抛出原来的股票。韦特斯抓住了这个机会，他不断地买进、买进，等到他买进了普莱史顿的大部分股票时，这只股票的价格已上涨了许多。

这座金矿，每年毛利达250万元。韦特斯在他的股票继续上涨的时候把普莱史顿的股票大量卖出，自己留了50万股，这50万股等于他一分钱都没有花。

韦特斯的成功告诉我们，不要害怕失败，财富的获得总是在失败中一点点积累的，很少有一夜暴富，而且一夜暴富的财富也总是不长久的。这便是成功者不怕失败的原因，失败也是一种财富。

人总要历经沧桑，才能见到曙光

当你面对人类的一切伟大成就的时候，你是否想过，曾经为了创造这一切而经历过无数寂寞的日夜，他们不得不选择与寂寞结伴而行，有了此时的寂寞，才能获得自己苦苦追求的似锦前程。

很多时候，在日常生活、工作中我们必须在寂寞中度过，没有任何选择。这就是现实，有嘈杂就有安静，有欢声笑语，就有寂静悄然。

既然如此，你逃脱不掉寂寞的影子，驱赶不走寂寞的阴魂，为什么非要与寂寞抗争？寂寞有什么不好，寂寞让你有时间梳理躁动的心情，寂寞让你有机会审视所作所为，寂寞让你站在情感的外圈探究感情世界的课题，寂寞让你向成功的彼岸挪动脚步，所以，寂寞不光是可怕的孤独。

寂寞是一种力量，而且无比强大。事业成就者的秘密有许多，生活悠闲者的诀窍也有许多。但是，他们有一个共同的特点，那就是耐得住寂寞。谁耐得住寂寞，谁就有宁静的心情，谁有宁静的心情，谁就水到渠成，谁水到渠成谁就会有收获。山川草木无不含情，沧海桑田无不蕴理，天地万物无不藏美，那是它们在寂寞之后带给人们的享受。所以，耐住寂寞之士，何愁做不成想做的事情。有许多人过高地估计自己的毅力，其实他们没有跟寂寞认真地较量过。

我们常说，做什么事情需要坚持，只要奋力坚持下来，就会成

别在该努力的时候，只谈梦想

功。这里的坚持是什么？就是寂寞。每天循规蹈矩地做一件事情，心便生厌，这也是耐不住寂寞的一种表现。

如果有一天，当寂寞紧紧地拴住你，哪怕一年半载，为了自己的追求不得不与寂寞搭肩并进的时候，心中没有那份失落，没有那份孤寂，没有那份被抛弃的感觉，才能证明你的毅力坚强。

人生不可能总是前呼后拥，人生在世难免要面对寂寞。寂寞是一条波澜不惊的小溪，它甚至掀不起一个浪花，然而它却孕育着可能成为飞瀑的希望，渗透着奔向大海的理想。坚守寂寞，坚持梦想，那朵盛开的花朵就是你盼望已久的成功。

生活原本厚重，我们何必总想拈轻

2007 年，火爆各大电视银屏的电视剧《士兵突击》有下面几个关于主角许三多的情节：

结束了新兵连的训练，许三多被分到了红三连五班看守驻训场，指导员对他说："这是一个光荣而艰巨的任务。"而李梦说："光荣在于平淡，艰巨在于漫长。"许三多并不明白李梦话中的含义，但是他做到了。

在三连五班，在 120 多华里的大草原上，在你干什么都没人知道的那些时间和那个地点，他修了一条路，一条能使直升机在上空盘旋的路。

钢七连改编后，只剩下许三多独自看守营房，一个人面对着空荡荡的大楼。但他一如既往地跑步出操，一丝不苟地打扫卫生，一样嘹亮地唱着餐前一支歌，那样的半年，让所有人为之侧目。

袁朗的再次出现无疑是许三多人生中的又一个重要转折。对曾经活捉过自己的许三多，袁朗有着自己的见解："不好不坏、不高不低的一个兵，一个安分的兵，不太焦虑、耐得住寂寞的兵！有很多人天天都在焦虑，怕没得到，怕寂寞！我喜欢不焦虑的人！"于是许三多在袁朗的亲自游说下参加了老 A 的选拔赛，并最终成为老 A 的一员。

当他离开七〇二团时，团长把自己亲手制作的步战车模型送给许三多，并且说："你成了我最尊敬的那种兵，这样一个兵的价值甚至超过一个连长。"

许三多耐受寂寞的能力是他跨越各种障碍和逆境的性格优势，由此我们可以看出：成功需要耐得住寂寞！成功者付出了多少，别人是想象不到的。

每个人一生中的际遇都不相同，只要你耐得住寂寞，不断充实、完善自己，当际遇向你招手时，你就能很好地把握，获得成功。有"马班邮路上的忠诚信使"称号的王顺友就是这样一个甘于寂寞、耐得住寂寞的人。

王顺友，四川省凉山彝族自治州木里藏族自治县邮政局投递员，全国劳模，2007 年"全国道德模范"的获得者。他一直从事着一个人、一匹马、一条路的艰苦而平凡的乡邮工作。邮路往返里程 360 公里，月投递两班，一个班期为 14 天。22 年来，他送邮行程达 26 万

别在该努力的时候，只谈梦想

多公里，相当于走了21个二万五千里长征，相当于围绕地球转了6圈！

王顺友担负的马班邮路，山高路险，气候恶劣，一天要经过几个气候带。他经常露宿荒山岩洞、乱石丛林，经历了被野兽袭击、意外受伤等艰难困苦。他常年奔波在漫漫邮路上，一年中有330天左右的时间在大山中度过，无法照顾多病的妻子和年幼的儿女，却没有向组织提出过任何要求。

为了排遣邮路上的寂寞和孤独，娱乐身心，他自编自唱山歌，其间不乏精品，像"为人民服务不算苦，再苦再累都幸福"，等等。为了能把信件及时送到群众手中，他宁愿在风雨中多走山路，改道绕行以方便沿途群众。他还热心为农民群众传递科技信息、致富信息，购买优良种子。为了给群众捎去生产生活用品，王顺友甘愿绕路、贴钱、吃苦，受到群众的交口称赞。

20余年来，王顺友没有延误过一个班期，没有丢失过一个邮件，没有丢失过一份报刊，投递准确率达到100%。

王顺友是成功的，因为他耐住了寂寞，战胜了自己。耐得住寂寞，是所有成就事业者共同遵循的一个原则。它以踏实、厚重、沉思的姿态作为特征，以一种严谨、严肃、严峻的态度，追求着人生的目标。当这种目标价值得以实现时，他仍不喜形于色，而是以更踏实的人生态度去探求实现另一奋斗目标的途径。而浮躁的人生是与之相悖的，它以历来不甘寂寞和一味追赶时髦为特征，受到强烈的功利主义驱使。浮躁地向往，浮躁地追逐，只能产出浮躁的果实。这果实的表面或许是绚丽多彩的，但不具有实用价值和交换价值。

"论至德者不和于俗，成大功者不谋于众"，从侧面阐明的正是这个意思：至高无上之道德者，是不与世俗争辩的；而成就大业者往往是不与老百姓和谋的。这话乍听起来似乎有悖于历史唯物主义，但细细想来，也不无道理。"头悬梁锥刺股"也好，"孟母三迁""凿壁偷光"也好，大都说的是，成就大业者在其创业初期，都是能耐得住寂寞的，古今中外，概莫能外。门捷列夫的化学周期表的诞生，居里夫人镭元素的发现，陈景润在哥德巴赫猜想中摘取的桂冠等，都是在寂寞中扎扎实实做学问，在反反复复的冷静思索和数次实践后才得以成功的。

耐得住寂寞是一个人的品质，不是与生俱来，也不是一成不变的，它需要长期的艰苦磨炼。耐得住寂寞是一种有价值、有意义的积累，而耐不住寂寞往往是对宝贵人生的挥霍。

一个人的生活中可能会有这样那样的挫折和机遇，但只要你有一颗耐得住寂寞的心，用心去对待与守望，成功一定会属于你。

生命须有缝隙，那是光照进来的地方

汪国真有诗云："我微笑着走向生活／无论生活以什么方式回敬我／报我以平坦吗／我是一条欢快奔流的小河／报我以崎岖吗／我是一座大山挺峻巍峨……"谁能说人生没有遗憾、没有失落，失落中只伴随着忧郁，阳光照不到你的生活；只有微笑着走向生活，才发现原来

别在该努力的时候，只谈梦想

沿途开满了花朵。

体会了没有脚的痛楚，才明白为没有鞋子而哭泣是多么浅薄；经历了归途的风雨坎坷，蓦然回首，才发现来时的路却是怎样美丽的一种风景。

没有人能够完全把握前路的东西，但也没有理由不微笑走向生活……

古语云："甘瓜苦蒂，物不全美。"从理念上讲，人们大都承认"金无足赤，人无完人"。正如世界上没有十全十美的东西一样，也不存在什么精灵通神的完人。但在认识自我、看待别人这一具体问题上，许多人仍然习惯于追求完美，求全责备，对自己要求样样都是，对别人也往往是全面衡量。

任何人都是有优点和缺点两个方面。俗话说："尺有所短，寸有所长。""十个手指不一般齐。"长处再多的人，也不免有所短；缺点再多的人，也必定有所长。

美国大发明家爱迪生，有一千多项发明，被誉为"发明大王"。但他在晚年，却固执地反对交流输电，一味地主张直流输电；电影艺术大师卓别林创造了深刻而生活的喜剧艺术形象，但他却极力反对有声电影；创立了《相对论》的20世纪最伟大的科学家爱因斯坦，他的智慧带来了科学思想的革命，却不能处理好自己的家庭关系……奥地利圆舞曲之王约翰·施特劳斯逝世100周年之际，一本新出版的传记以几百封从未曝光的书信为依据指出，这位创作了《蓝色多瑙河》等许多著名圆舞曲的施特劳斯，其实动作笨拙，不会跳舞。他还害怕阳光，非常胆小，也害怕黑暗，不敢独处，没有半点儿幽默感。真正的施特劳斯与众人想象中的活泼形象完全不同。

这些事实说明，大师、著名人物也都不是完人、超人，也不可能十全十美。他们的缺点和失误比之于他们给予人类的贡献，当然是次要的。但通过这些事实，我们应当明白，人无完人，人生必有缺憾，才是真实的、正常的。

维纳斯塑像的断臂，引得众多的学者、文人、工匠进行思考、论证、试验，想对它的断臂进行重新"安装"。可是，种种假设和计划均告失败。于是，围绕在维纳斯身上的神秘感越来越浓。作为爱神，断臂的维纳斯似乎更受人们的喜爱，也更能引起人们作种种的猜想和遐思。由此可见，并不完美的缺憾之处从某种意义上看不也是一种美吗？

所以，当缺憾也成为一种美的时候，面对生活中仅有的一些不顺利，你除了恬淡接受，泰然处之，还有什么其他的选择吗？

不因小意外，错失大前途

我们知道，事情的发展往往具有两面性，犹如每一枚硬币都有正反面，失败的背后可能是成功，危机的背后也有转机。

1974 年，第一次石油危机引发经济衰退时，世界运输业普遍不景气，但当时美国的特德·阿里森家族却收购了一艘邮轮，成立嘉年华邮轮公司，后来这家公司成为世界上最大的超级豪华邮轮公司；世界最大的钢铁集团米塔尔公司，在20世纪90年代末，世界钢铁行业不景气的时候，进行了首次大规模兼并，然后迅速扩张起来。所以说，危机中有商机，挑战中有机遇，艰难的经济发展阶段对企业来说是充满机会的，对企业如此，对个人、对民族、对国家也是如此。

2008年经济危机爆发后，美国很多商业机构和场所顿时萧条了，但酒吧的生意却悄悄地红火起来。原来，精明的酒商们发现美国人越来越喜欢喝战前禁酒令时期以及大萧条时期的酒品，比如由白兰地、橘味酒和柠檬汁调制成的赛德卡鸡尾酒。酒商们迅速嗅出了新商机，推出了一款改进的老牌鸡尾酒。美国一个酒业资深人士指出，人们在困难时期，往往会从熟悉的东西那里寻求安慰，老式鸡尾酒自然而然会走俏。这种酒品，不仅让酒商们大赚了一笔，而且还能使疲于应对经济危机的美国人民得以慰藉。

"危中有机，化危为机。"一些中外专家认为，如果危机处置得当，金融风暴也有可能成为个人、企业或国家迅速发展的机遇。所以，冬天里会有绿意，绝境里也会有生机。

危机之下，谁都不希望面临绝境，但绝境意外来临时，我们挡也挡不住，与其怨天尤人，还不如奋力一搏，说不定，还会创造一个奇迹。

有人说过这样一句话："瀑布之所以能在绝处创造奇观，是因为它有绝处求生的勇气和智慧。"其实我们每个人都像瀑布一样，在平静的溪谷中流淌时，波澜不惊，看不出蕴含着多大的力量，往往当我们身处绝境时，才能将这种力量爆发出来。

下面是一个在绝境里求生存的真实故事：

第二次世界大战期间，有位苏联士兵驾驶一辆苏H正式重型坦克，非常勇猛，一马当先地冲入了德军的心腹重地。这一下虽然把敌军打得抱头鼠窜，但他自己渐渐脱离了大部队。

就在这时，突然轰隆一声，他的坦克陷入了德军阵地中的一条防坦克深沟之中，顿时熄了火，动弹不得。

这时，德军纷纷围了上来，大喊着："俄国佬，投降吧！"

刚刚还在战场上咆哮的重型坦克，一下子变成了敌人的瓮中之物。

苏联士兵宁死也不肯投降，但是现实一点儿也不容乐观，他正处于束手待毙的绝境中。

突然，苏军的坦克里传出了"砰砰砰"的几声枪响，接着就是死一般的沉寂。看来苏联士兵在坦克中自杀了。

德军很高兴，就去弄了辆坦克来拉苏军的坦克，想把它拖回自己的堡垒。可是德军这辆坦克吨位太轻，拉不动苏军的庞然大物，于是德军又弄了一辆坦克来拉。

两辆德军坦克拉着苏军坦克出了壕沟。突然，苏军的坦克发动起来，它没有被德军坦克拉走，反而拉走了德军的坦克。

德军惊惶失措，纷纷开枪射向苏军坦克，但子弹打在钢板上，只打出一个个浅浅的坑洼，奈何它不得。那两辆被拖走的德军坦克，因为目标近在咫尺，无法发挥火力，只好像被驯服的羔羊，乖乖地被拖到苏军阵地。

原来，苏联士兵并没有自杀，而是在那种绝境中，被逼得想出了一个绝妙的办法。他以静制动，后发制人，让德军坦克将他的

别在该努力的时候，只谈梦想

坦克拖出深沟，然后凭着自身强劲的马力，反而俘获了两辆德军坦克。

其实，每个人皆是如此，虽然我们的生活并不会时时面临枪林弹雨，但总有身处绝境的时候，每当此时，我们往往会产生爆发力，而正是这种爆发力将我们的力量激发出来了。所以，面临绝境的时候，不要灰心、不要气馁，更不要坐以待毙，勇往直前，无所畏惧，你我都可以"杀出一条血路"。

别焦虑了，你不是一个人在苦逼

很多人都有这样的体会：当我们在做一些有兴趣也很令人兴奋的事情时，很少会感到疲劳。因此，克服疲劳和烦闷的一个重要方法就是假装自己已经很快乐。如果你"假装"对工作有兴趣，一点点假装就可以使你的兴趣成真，也可以减少你的疲劳、紧张和忧虑。

有一天晚上，艾丽丝回到家里，觉得精疲力竭，一副疲惫不堪的样子。她也的确感到非常疲劳，头痛，背也痛，疲倦得不想吃饭就要上床睡觉。她的母亲再三地求她……她才坐在饭桌上。电话铃响了。是她的男朋友打来的，请她出去跳舞，她的眼睛亮了起来，精神也来了，她冲上楼，穿上她那件天蓝色的洋装，一直跳舞到凌晨3点钟。最后等她回到家里的时候，却一点儿也不疲倦，事实上还兴奋得睡不着觉呢。

在8个小时以前，艾丽丝的表情和动作，看起来都精疲力竭的，她是否真的那么疲劳呢？的确，她之所以觉得疲劳是因为她觉得工作使她很烦，甚至对她的生活都觉得很烦。

世界上不知道有多少像艾丽丝这样的人，你也许就是其中之一。

一个人由于心理因素的影响，通常比肉体劳动更容易觉得疲劳。约瑟夫·巴马克博士曾在《心理学学报》上发表了一篇论文，谈到他的一些实验，证明了烦闷会产生疲劳。巴马克博士让一大群学生做了一连串的实验，他知道这些实验都是他们没有什么兴趣的。其结果呢？所有的学生都觉得很疲倦、打瞌睡、头痛、眼睛疲劳、很容易发脾气，甚至还有几个人觉得胃很不舒服。所有这些是否都是"想象来的"呢？

不是的，这些学生做过新陈代谢的实验。由试验的结果发现，一个人感觉烦闷的时候，他身体的血压和氧化作用，实际上会降低。而一旦这个人觉得他的工作有趣的时候，整个新陈代谢作用就会立刻加速。

心理学家布勒认为，造成一个人疲劳感的主要原因是心理上的烦恼。

加拿大明尼那不列斯农工储蓄银行的总裁金曼先生对此深有体会。在1943年的7月，加拿大政府要求加拿大阿尔卑斯登山俱乐部协助威尔斯军团做登山训练，金曼先生就是被选来训练这些士兵的教练之一。他和其他的教练——那些人从42岁到59岁不等——带着那些年轻的士兵，长途跋涉过很多冰河和雪地，还用绳索和一些

别在该努力的时候，只谈梦想

很小的登山设备爬上 40 英尺高的悬崖。他们在加拿大洛杉矶的小月河山谷里爬上百米高峰、副总统峰和很多其他没有名字的山峰，经过 15 个小时的登山活动之后，那些非常健壮的年轻人，都完全精疲力竭了。

他们感到疲劳，是否因为他们军事训练时，肌肉没有训练得很结实呢？任何一个接受过严格军事训练的人对这种荒谬的问题都一定会嗤之以鼻。不是的，他们之所以会这样精疲力竭，是因为他们对登山这项运动觉得很烦。他们中很多人疲倦得不等到吃过晚饭就睡着了。可是那些教练们——那些年岁比士兵要大两三倍的人——是否疲倦呢？不错，他们没有精疲力竭。那些教练们吃过晚饭后，还坐在那里聊了几个钟点，谈他们这一天的事情。他们之所以不会疲倦到精疲力竭的地步，是因为他们对这件事情感兴趣。

耶鲁大学的杜拉克博士在主持一些有关疲劳的实验时，用那些年轻人经常保持感兴趣的方法，使他们维持清醒差不多达一星期之久。在经过很多次的调查之后，杜拉克博士表示"工作效能降低的唯一真正原因就是烦闷"。

因此，经常保持内心愉悦是抵抗疲劳和忧虑的最佳良方。在这里，请记住布勒博士的话："保持轻松的心态，我们的疲劳通常不是由于工作，而是由于忧虑、紧张和不快。"如果你此刻不快乐，会导致身体更加疲劳，情绪也就更加低落，因此，此时不妨假装一下自己是快乐的，当你的心理产生快乐的愿望时，身体也会跟着调整到快乐时的状态，从而形成良性的循环。不信你就试试。

你对生活笑，生活就不会对你哭

生活犹如一面明镜，你对它笑，它就不会对你哭。

在生活中，我们每一个人快乐与否，不是取决于自己财富的多少、自己的美貌程度或是自己的地位如何等外在因素，而是取决于自己的心态这一内在因素。人们常说"好心态才有好人生"就是这个意思。一个人无论多有钱、多美貌或地位有多高，如果他对生活哭丧着脸，那么生活也不会给他好脸色。

苏菲拥有一切。她有一个完美的家庭，住豪华公寓，从来不用为钱发愁。而且，她年轻、聪慧、漂亮。路易是她的朋友，路易觉得和苏菲一起外出是一件乐事。在餐厅里，路易会看到邻桌的男士频频向她注目，邻桌的女士为她而相互窃窃私语。有她的陪伴，路易感觉很棒。她让路易由衷地认为做男人真好。

不过，当所有闲聊终止的时候，这样一刻出现了：苏菲开始向路易讲述她悲惨的生活，她为减肥而跳的狐步舞，她为保持体形而做的努力，以致得了厌食症。路易简直不敢相信自己的耳朵！这位美丽的女士真实地、深切地认为自己胖而且丑，不值得任何人去爱。路易对她说，她也许弄错了。事实上，这世界上一半的人为了能拥有她那样的容貌，她那样的好运气和生活，宁愿付出任何代价。不，不，苏菲悲哀地挥着手说，她以前也听过类似的话。她知道这话只是出于礼貌，只是一种于事无补的慰藉。而路易越是试图证实她是一位幸运的女孩，她越是表示反对。苏菲对她生活的总结就是"糟透了"。

别在该努力的时候，只谈梦想

生活赐予我们的越多，我们就越觉得所有的一切都是理所当然。然后，我们对生活的期望值也就越高。想象一下苏菲生而拥有一切，金钱、容貌、智慧……但就因为身材这一小问题使她对生活的看法大变。而她应当知道，生活并不完美，而且生活从来也不必完美！只要想一想生活是多么风云变幻，我们就应该明白了。许多人都听过"超人"克里斯托夫·瑞维斯的故事。他曾经又高又帅、又健壮、又知名、又富有。可是，一次，他不慎从马上跌落下来，摔断了脖子。从此，他就高位截瘫了。现在，他已经离开了这个世界。不过，瑞维斯和苏菲的不同在于，他感谢上帝让他保留了一条生命，使他可以去做一些真正有意义的事——为残疾人事业做努力。而苏菲则是为她腹部增加或减少了几毫米厚的脂肪或喜或悲着。两人之间的这个不同的产生说到底还是自己的心态问题。

卡耐基曾讲过这样一个故事：

塞尔玛陪伴丈夫驻扎在一个沙漠的陆军基地里，她丈夫奉命到沙漠去学习，她一人留在陆军的小铁皮房子里，天气热得受不了。即便在仙人掌的阴影下也是华氏 125 度。那儿没有人与她聊天，只有墨西哥人和印第安人，而他们不会说英语。塞尔玛太难过了，就写信给父母，说要丢开一切回家去。而她父亲的回信只有两行字，但这两行字却完全改变了她的生活：

两个人从牢中的铁窗望出去，
一个看到泥土，一个却看到星星。

塞尔玛一再地读这封信，觉得大受启发。她决定要在沙漠中找到"星星"。

于是，塞尔玛开始和当地人交朋友，他们的反应热情而友善。塞尔玛对他们的纺织、陶器表示兴趣，他们就把最喜欢的、舍不得卖给观光游客的纺织品和陶器送给了她。塞尔玛研究那些引人入迷的仙人掌和各种沙漠植物，还学习有关土拨鼠的知识。她观看沙漠日落，甚至寻找到了海螺壳，要知道这些海螺壳是几万年前当这沙漠还是海洋时留下来的……最后，那原来难以忍受的环境变成了令塞尔玛兴奋、流连忘返的奇景。

那么，到底是什么使塞尔玛对生活的看法有了这么大的转变？

其实，沙漠没有改变，印第安人也没有改变，只是塞尔玛的心态改变了。一念之差，使她把原先认为恶劣的遭遇变为一生中最有意义的冒险。她为发现的新世界兴奋不已，并为此写了一本书，并将书以《快乐的城堡》为名出版了。我们可以说，她终于看到了自己的"星星"。

生活是属于自己的，我们为何不对之一笑？要知道，生活从来都是真实的、诚恳的，所以，我们不妨用自己的笑脸来换回生活的笑脸。

忙起来，世界就是你的

没有人注定不幸，你绝对不比其他人更不幸。不要因为没有鞋子而哭泣，看看那些没有脚的人吧！绝对不要把自己想象成最不幸的人，否则，你就真正成了最不幸的人。

据说，世界上只有两种动物能达到金字塔顶：一种是老鹰，还有一种就是蜗牛。

老鹰和蜗牛，它们是如此地不同：鹰矫健凶狠，蜗牛弱小迟钝。鹰性情残忍，捕食猎物甚至吃掉同类从不迟疑。蜗牛善良，从不伤害任何生命。鹰有一对飞翔的翅膀，而蜗牛背着一个厚重的壳。它们从出生就注定了一个在天空翱翔，一个在地上爬行，是完全不同的动物，唯一相同的是它们都能到达金字塔顶。

鹰能到达金字塔顶，归功于它有一双善飞的翅膀。也因为这双翅膀，鹰成为最凶猛、生命力最强的动物之一。与鹰不同，蜗牛能到达金字塔顶，主观上是靠它永不停息的执着精神。虽然爬行极其缓慢，但是每天坚持不懈，蜗牛总能登上金字塔顶。

我们中间的大多数人都是蜗牛，只有一小部分能拥有优秀的先天条件，成为鹰。但是先天的不足，并不能成为自暴自弃的理由。因为，没有人注定命中不幸。要知道，在攀登的过程中，蜗牛的壳和鹰的翅膀，起的是同样的作用。可惜，生活中，大多数人只羡慕鹰的翅膀，很少在意蜗牛的壳。所以，我们处于社会下层时，无须心情浮躁，更不应该抱怨颓废，而应该静下心来，学习蜗牛，每天进步一点点，总有一天，你也能登上成功的"金字塔"。

高尔基早年生活十分艰难，3岁丧父，母亲早早改嫁。在外祖父家，他遭受了很大的折磨。外祖父是一个贪婪、残暴的老头儿。他把对女婿的仇恨统统发泄到高尔基身上，动不动就责骂毒打他。更可恶的是，他那两个舅舅经常变着法儿侮辱这个幼小的外甥，使高尔基在心灵上过早地领略了人间的丑恶。慈爱的外祖母是高尔基唯一的保护人，她真诚地爱着这个可怜的小外孙，每当他遭到毒打时，外祖母总是搂着他一起流泪。

高尔基在《童年》中叙述了他苦难的童年生活。在 19 岁那年，高尔基突然得到一个消息：他最为慈爱的、唯一的亲人外祖母，在乞讨时跌断了双腿，因无钱医治，伤口长满了蛆虫，最后惨死在荒郊野外。

外祖母是高尔基在人世间唯一的安慰。这位老人劳苦一辈子，受尽了屈辱和不幸，最后竟这样惨死。这个噩耗几乎把高尔基击懵了。他不由得放声痛哭，几天茶饭不进。每当夜晚，他独自坐在教堂的广场上呜咽流泪，为不幸的外祖母祈祷。1887 年 12 月 12 日，高尔基觉得活在人间已没有什么意义。这个悲伤到极点的青年，从市场上买了一支旧手枪，对着自己的胸膛开了一枪。但是，他还是被医生救活了。后来，他终于战胜了各种各样的灾难，成为世界著名的大文豪。

你要明白，没有人命定不幸。你的困难、挫折、失败，其他人同样可能遇到，而其他人遇到的更大的困难、挫折、失败，你却没有遇到，你绝对不比其他人更不幸。不要因为没有鞋子而哭泣，看看那些没有脚的人吧！绝对不要把自己想象成最不幸的，否则，那你真正成了最不幸的人。要知道，没有什么困难能够打垮你，唯一能够打垮你的就是你自己，那就是你把自己看作最不幸的。

许多人常常把自己看作最不幸的、最苦的，实际上许多人比你的苦难还要大、还要苦，大小苦难都是生活所必须经历的。苦难再大也不能丧失生活的信心、勇气。与许多伟大的人物所遭受的苦难相比，我们个人所遭到的困难又算得了什么。名人之所以成为名人，大都是由于他们在人生的道路上能够承受住一般人所无法承受的种种磨难。他们面对事业上的不顺、情场上的失意、身体上的疾病、家庭生

别在该努力的时候，只谈梦想

活中的困苦与不幸，以及各种心怀恶意之人的诽谤与陷害，没有沮丧，没有退缩，而是咬紧牙关，擦净那饱受创伤的心所流出的殷红的鲜血和悲愤的泪水，奋力抗争，不懈地拼搏，用自己惊人的毅力和不屈的奋斗精神，为人类的文明和社会进步做出了卓越的贡献，从而成为风靡世界的名人。

人生需要的不是抱怨、自怜，而是扎扎实实、艰苦地奋斗。人是为幸福而活着的，为了幸福，苦难是完全可以接受的。

人生的苦难与幸福是分不开的。人类的幸福是人类通过长期不懈的努力而逐步得到的，这其中要经历各种苦难，这正像人们常讲的，幸福是由血汗造就的。有些人太单纯、太简单了，他们只要幸福而不要苦难。切记，拒绝苦难的人，就不可能拥有幸福。

谁不是咬牙坚持，才赢得掌声

不论你的出身如何，不论别人是否看得起你，首先你要自己看得起自己。只有相信自己的价值，才能保持奋发向上的劲头。要知道，上帝没有偏见，从不会轻看卑微，你所做的一切他都看在眼里。

人类有一样东西是不能选择的，那就是每个人的出身。在现实生活中，我们常常遇到这样一群人，他们以自己穷困的出身来判定自己未来的生活道路，他们因自己角色的卑微而用微弱的声音与世界对话，他们总是因暂时的生活窘迫而放弃了儿时的绮丽梦想，他们还因为自己的其貌不扬而低下了充满智慧的头颅。

难道一个人出身卑微注定就会永远卑微下去吗？难道命运不是掌握在自己手中吗？实际上，即便一个人的身份卑微，上帝也不会轻看他，上帝偏爱的不是身份高贵的人，而是努力奋斗的人！所以，如果你出身卑微，那么努力奋斗吧，上帝一定会垂青你！

韩国贫民总统卢武铉 1946 年出生于韩国金海市郊的一个小村庄。卢武铉的父母都是农民，靠种植庄稼和桃子为生。他的故乡十分偏远贫穷，连村里人都说"即使乌鸦飞来这里，也会因没有食物而哭着飞回去"。

有人说，卢武铉的经历与美国前总统林肯十分相似，对此，卢武铉也有同感。林肯是美国 200 多年历史上为数不多的贫民总统，他上任伊始就遇到美国南北冲突；而韩国的这位贫民总统卢武铉，则遇上了朝鲜核危机。

1968 年，卢武铉进入韩国陆军服兵役，34 个月后退役返乡。卢武铉知道自己学识不够，也知道家中没有钱供他读书，于是他开始自学法律。勤奋刻苦的他于 1975 年 4 月通过韩国第 17 届司法考试，由此开始了自己的律师生涯。

在卢武铉的律师生涯中，他始终为社会的公正而奋斗。1981 年，卢武铉勇敢地站出来，为 12 名被政府指控为"私藏禁书"的大学生辩护。因为此事，卢武铉有了些名气，被一些媒体称为"人权律师"。

1988 年，卢武铉步入政坛，当选为国会议员。自 1992 年起，卢武铉 3 次放弃了自己在汉城的优势选区，赴釜山进行议员和市长的竞选，结果接连 3 次饮恨釜山。一批选民被卢武铉的精神所感动，自发

别在该努力的时候，只谈梦想

成立了一个叫"爱卢会"的组织。该组织在民间迅速扩展，以至韩国上下掀起了一股支持卢武铉的热潮，被舆论称为"卢旋风"。凭借这股"卢旋风"，卢武铉顺利当选为议员和市长，之后又登上了总统宝座。

所以，一个人不能选择自己的出身，但可以选择自己的道路。只要踏上正确的人生之路，并能义无反顾地勇往直前，就一定能创建一番辉煌的业绩。

多年前的一个傍晚，一位叫皮埃尔的青年移民，站在河边发呆。这天是他30岁生日。但他不知道自己是否还有活下去的必要。

因为皮埃尔从小在福利院里长大，长相丑陋，身材也非常矮小，讲话又带着浓厚的法国乡下口音，因此他一直很瞧不起自己，认为自己是一个又丑又笨的乡巴佬，连最普通的工作都不敢去应聘，他没有家，也没有工作。

就在皮埃尔徘徊于生死之间的时候，与他一起在福利院长大的好朋友亨利兴冲冲地跑过来对他说："皮埃尔，告诉你一个好消息！"

皮埃尔一脸悲戚地说："好消息从来就不属于我。"

"你听我说，我刚刚从收音机里听到一则消息，拿破仑曾经丢失了一个孙子。播音员描述的相貌特征，与你丝毫不差！"

"真的吗，我竟然是拿破仑的孙子？"皮埃尔一下子精神大振。想到自己的爷爷曾经以矮小的身材指挥着千军万马，用带着科西嘉口音的法语发出威严的军令，他顿时感到自己矮小的身材同样充满力量，讲话时的法国口音也带着几分威严和高贵。

第二天一大早，皮埃尔便满怀自信地来到一家大公司应聘。结果，他竟然一应即聘。

10年后，已成为这家大公司总裁的皮埃尔，查证了自己并非拿破仑的孙子，但这早已不重要了。

所以，每一个人都应该相信上帝是公平的，只是有时上帝会和人类开个小小的玩笑，会把那些聪慧的宠儿放在卑微贫困的人群中间，就像我们常把贵重的物品藏在家中最不起眼的地方一样，如此让他们远离金钱和权势，让他们从一出生就在黑暗的穴洞中徘徊，看不到光明，以此来作为对他们的考验。

上帝一定会青睐那些从黑暗中走出来的人——他们有着坚强的生存意识、果敢的斗志、不屈的傲骨和出众的天赋。他们必将会在某个有价值的领域脱颖而出。请相信命运的公正吧！一个人只要知道自己将到哪里去，那么全世界都会给他让路。

满怀期待地做梦，遍体鳞伤地成长

人生常常浸泡在痛与苦中。一次次心痛，一道道伤痕，一遍遍泪水，洗不去人生的尘埃，抹杀不了命运中的艰辛。何必跟自己过不去，放平自己的心，搁浅自己的梦，把希望打折，把生命烘干，学会在艰难的日子里苦中作乐！

托尔斯泰在他的散文名篇《我的忏悔》中曾经讲了这样一个寓言故事：

别在该努力的时候，只谈梦想

一个男人被一只老虎追赶而掉下悬崖，庆幸的是他在跌落的过程中抓住了一棵生长在悬崖边的小灌木。

此时，他才发现，头顶上，那只老虎正虎视眈眈，低头一看，悬崖底下还有一只老虎，更糟的是，两只老鼠正忙着啃咬悬着他生命的小灌木的根须。

绝望中，他突然发现附近生长着一簇野草莓，伸手可及。于是，他揣下野草莓，塞进嘴里，自语道："多甜啊！"

生命进程中，当痛苦、绝望、不幸和畏难向你逼近的时候，你是否也能顾及享受一下野草莓的味道？人生一世，能够快快乐乐开开心心过一生，相信这是每个人心中的一个梦。

然而，尼采却说："人生就是一场苦难。"的确，谁都无法让我们"心想事成，无忧无虑"地过一辈子，唯有"把黄连当哨吹——苦中作乐"，才能战胜忧愁，享受快乐。

戴维是饭店经理，他的心情总是很好。当有人问他近况如何时，他回答："我快乐无比。"

如果哪位同事心情不好，他就会告诉对方怎么去看事物好的一面。他说："每天早上，我一醒来就对自己说，戴维，你今天有两种选择，你可以选择心情愉快，也可以选择心情不好，我选择心情愉快。每次有坏事发生，我可以选择成为一个受害者，也可以先去面对各种处境。归根结底，你自己选择如何面对人生。"

有一天，戴维被三个持枪的歹徒拦住了。歹徒朝他开枪。

幸运的是发现较早，戴维被送进急诊室。经过 18 个小时的抢救和几个星期的精心治疗，戴维出院了，只是仍有小部分弹片留在他体内。

6个月后，戴维的一位朋友见到他。朋友问他近况如何，他说："我快乐无比。想不想看看我的伤疤？"朋友看了伤疤，然后问他当时想了些什么。戴维答道："当我躺在地上时，我对自己说有两个选择：一是死，一是活。我选择活。医护人员都很好，他们告诉我，我会死的。但在他们把我推进急诊室后，我从他们的眼神中读到了'他是个死人'。我知道我需要采取一些行动。""那么，你采取了什么行动？"朋友问。

戴维说："有个护士大声问我对什么东西过敏。我马上答道：'有的。'这时所有的医生、护士都停下来等我说下去。我深深吸了一口气，然后大声吼道：'子弹！'在一片大笑声中，我又说道：'请把我当活人来医，而不是死人。'"戴维就这样活下来了。

英国作家萨克雷有句名言："生活是一面镜子，你对它笑，它就对你笑；你对它哭，它也对你哭。"如果你把自己看成弱者、失败者，你将郁郁寡欢；如果你将自己看成强者，你将快乐无比。你可以快乐，只要你希望自己快乐。

古人讲："不知生，焉知死？"不知苦痛，怎能体会到快乐？痛苦就像一枚青青的橄榄，品尝后才知其甘甜。品尝橄榄容易，品尝生活中的痛苦，这需要勇气！

别在该努力的时候，只谈梦想

不是运气太差，
而是你不够强大

所有的不开心，都是对生命的辜负

女作家张爱玲的一生完整地注释了悲观给人带来的负面影响是多么巨大。

张爱玲一生聚集了一大堆矛盾，她是一个善于将艺术生活化、将生活艺术化的享乐主义者，又是一个对生活充满悲剧感的人；她是名门之后、贵族小姐，却宣称自己是一个自食其力的小市民；她悲天悯人，时时洞见芸芸众生"可笑"背后的"可怜"，但在实际生活中却显得冷漠寡情；她在20世纪40年代的上海大红大紫，几十年后，她在美国又深居简出，过着与世隔绝的生活。所以有人说："只有张爱玲才可以同时承受灿烂夺目的喧闹与极度的孤寂。"

这种生活态度的确不是普通人能够承受和理解的，但用现代心理学的眼光看，其实张爱玲的这种生活态度源于她始终抱着一种悲观的心态活在人间，这种悲观的心态让她无法真正地融入生活，因此她总在两种生活状态里不停地左右徘徊。

张爱玲悲观苍凉的色调，深深地沉积在她的作品中，使其作品产生了巨大而独特的艺术魅力。但无论作家用怎样流利优美的文字，写出怎样可笑或传奇的故事，终不免流露出悲音。那种渗透着个人身世之感的悲剧意识，使她能与时代生活中的悲剧氛围相通，从而在更广阔的历史背景上臻于深广。

别在该努力的时候，只谈梦想

张爱玲所拥有的深刻的悲剧意识，并没有把她引向西方现代派文学那种对人生彻底绝望的境界。个人气质和文化底蕴最终决定了她只能回到传统文化的意境，且不免自伤自恋，因此在生活中，她时而在世俗的喧嚣中沉浸，时而又陷入极度的寂寞中，最后孤独终老。

张爱玲的悲剧人生让我们看到了悲观对一个人的戕害是多么惨重。在现实生活中，不止文豪有这样的悲观情绪，平常的人也会经历这样的心情。

有一位年老的父亲，他有两个儿子，他们都很可爱。在圣诞节来临前，父亲分别送给他们完全不同的礼物，在夜里悄悄把这些礼物挂在圣诞树上。第二天早晨，哥哥和弟弟都早早起来，想看看圣诞老人给自己的是什么礼物。哥哥的礼物很多，有一把气枪，有一辆崭新的自行车，还有一颗足球。哥哥把自己的礼物一件一件地取下来，却并不高兴，反而忧心忡忡。

父亲问他："是礼物不好吗？"哥哥拿起气枪说："看吧，这支气枪我如果拿出去玩，没准会把邻居的窗户打碎，那样一定会招来一顿责骂。还有，这辆自行车，我骑出去倒是高兴，但说不定会撞到树干上，会把自己摔伤。而这颗足球，我终归会把它踢爆的。"父亲听了没有说话。

弟弟除了一个纸包外，什么也没有。他把纸包打开后，不禁哈哈大笑起来，一边笑，一边在屋子里到处找。父亲问他："为什么这样高兴？"他说："我的圣诞礼物是一包马粪，这说明肯定会有一匹小马驹就在我们家里。"最后，他果然在屋后找到了一匹小马驹。父亲也跟着他笑起来："真是一个快乐的圣诞节啊！"

其实，在工作和生活中，很多事情也是这样，乐观情绪总会带来快乐明亮的结果，而悲观的心理则会使一切变得灰暗。受苦的人，没有悲观的权利；失火时，没有怕黑的权利；战场上，只有不怕死的战士才能取得胜利；也只有受苦而不悲观的人，才能克服困难，脱离困境。

我们不仅要在快乐的时候微笑，更要学会在面对困难的时候微笑，因为只有这样，你才能在挫折面前精神不倒；只有这样，你才能告别悲伤的凄凉，迎接生活的春日暖阳。

将眼光停留在生活的美好处

要想赢得人生，就不能总把目光停留在那些消极的东西上，那只会使你沮丧、自卑，徒增烦恼，还会影响你的身心健康。结果，你的人生就可能被失败的阴影遮蔽，失去它本该有的光辉。悲观失望的人在挫折面前，会陷入不能自拔的困境。乐观向上的人即使在绝境之中，也能看到一线生机，并为此释然。

尤利乌斯是一个画家，而且是一个很不错的画家。他画快乐的世界，因为他自己就是一个快乐的人。不过没人买他的画，因此他想起来会有点伤感，但只是一会儿。

他的朋友们劝他："玩玩足球彩票吧！只花 2 马克便可以赢很多钱！"

于是，尤利乌斯花2马克买了一张彩票，并真的中了彩！他赚了50万马克。

他的朋友都对他说："你瞧！你多走运啊！现在你还经常画画吗？"

"我现在就只画支票上的数字！"尤利乌斯笑道。

尤利乌斯买了一幢别墅并对它进行了一番装饰。他很有品位，买了许多好东西：阿富汗地毯、维也纳柜橱、佛罗伦萨小桌、迈森瓷器，还有古老的威尼斯吊灯。

尤利乌斯很满足地坐下来，他点燃一支香烟静静地享受他的幸福。突然他感到好孤单，便想去看看朋友。他把烟往地上一扔，在原来那个石头做的画室里他经常这样做，然后他就出去了。

燃烧着的香烟躺在地上，躺在华丽的阿富汗地毯上……一个小时以后，别墅变成一片火的海洋，它完全烧没了。

朋友们很快就知道了这个消息，他们都来安慰尤利乌斯。

"尤利乌斯，真是不幸呀！"他们说。

"怎么不幸了？"他问。

"损失呀！尤利乌斯，你现在什么都没有了。"

"什么呀？不过是损失了2马克。"

朋友们为了失去的别墅而惋惜，可是尤利乌斯却不在意，正如他说的，不过是2马克，怎么能够影响他正常的生活，让他陷入悲伤之中呢？由此可见，事情本身并不重要，重要的是面对事情的态度。只要有一双能够发现美好事物的眼睛，有一颗保持乐观的心，那么即使是再悲惨的事情，也不会让我们悲伤。

我们都有这样的感受：快乐开心的人在我们的记忆里会留存很长的时间，因为我们更愿意留下快乐的而不是悲伤的记忆。每当我们回想起那些勇敢且愉快的人们时，我们总能感受到一种柔和的亲切感。

19世纪英国较有影响的诗人胡德曾说过："即使到了我生命的最后一天，我也要像太阳一样，总是面对着事物光明的一面。"到处都有明媚宜人的阳光，勇敢的人一路纵情歌唱。即使在乌云的笼罩之下，他也会充满对美好未来的期待，跳动的心灵一刻都不曾沮丧悲观；不管他从事什么行业，他都会觉得工作很重要、很体面；即使他穿的衣服褴褛不堪，也无碍于他的尊严；他不仅自己感到快乐，也给别人带来快乐。

千万不要让自己心情消沉，一旦发现有这种倾向就要马上避免。我们应该养成乐观的个性，面对所有的打击我们都要坚韧地承受，面对生活的阴影我们也要勇敢地克服。要知道，任何事物总有光明的一面，我们应该努力去发现。垂头丧气和心情沮丧是非常危险的，这种情绪会减少我们生活的乐趣，甚至会毁灭我们的生活。

只是失败了一次，不代表就此出局

在人生路途上，谁都会遭遇逆境，逆境是生活的一部分。逆境充满荆棘，却也蕴藏着成功的机遇。只要勇敢面对，就一定能从布满荆棘的路途中走出一条阳光大道。正如培根所说："奇迹多是在厄运中出现的。"其实，我们不应该在逆境中抱怨，因为抱怨逆境无疑是在遗弃幸运。

道本连自己的名字都不会写，却在大阪的一所中学当了几十年的校工。尽管工资不多，但他已经很满足命运为他所安排的一切。就在他快要退休时，新上任的校长以他"连字都不认识，却在校园工作，太不可思议了"为由，将他辞退了。

道本恋恋不舍地离开了校园，像往常一样，他去为自己的晚餐买半磅香肠，但快到食品店门前时，他想起食品店已经关门多日了。而不巧的是，附近街区竟然没有第二家卖香肠的。忽然，一个念头在他脑海里闪过——为什么我不开一家专卖香肠的小店呢？他很快拿出自己仅有的一点积蓄开了一家食品店，专门卖起香肠来。

因为道本灵活多变的经营，十年后，他成了一家熟食加工公司的总裁，他的香肠连锁店遍及了大阪的大街小巷，并且是产、供、销"一条龙"服务，颇有名气的道本香肠制作技术学校也应运而生。

当年辞退他的校长早已忘了道本这一位曾经的校工，在得知著名的董事长识字不多时，便十分敬佩地称赞他："道本先生，您没有受过正规的学校教育，却拥有如此成功的事业，实在是太不可思议了。"

道本诚恳地回答："真感谢您当初辞退了我，让我摔了跟头，从那之后我才认识到自己还能干更多的事情。否则，我现在肯定还是一位靠一点退休金过日子的校工。"

正如道本一样，成功者首先是从逆境中崛起的。逆境可以锻炼一个人的品格，也可以激发一个人向上发展的勇气和潜力。在逆境中，当被逼得退无可退、无路可走时，人们往往在最后的时刻想尽办法来自救，无形之中反而促成了人生的辉煌。所以，我们应该感谢逆境和难题，感谢其中所孕育的成功。

在我们陷入逆境时，一味地埋怨和诅咒是无济于事的，那只会让我们变得更加沮丧而觉得无望。与其苦苦等待，不如点燃自己手中仅有的"火种"和希望，去战胜黑暗，摆脱困境，为自己创造一个光明的前程。

一个人的勇敢，可以照亮全世界的孤独

乔很爱音乐，尤其是喜欢小提琴。在国内学习了一段时间之后，他把视线转到了国外，想出国深造，但是国外没一个认识的人，他到了那里如何生存呢？这些他当然也想过，但是为了自己的音乐之梦，他勇敢地踏出了国门。维也纳是他的目的地，因为那里是音乐的故乡。这次出国的费用是家里辛辛苦苦地凑了出来，但是学费与生活费是无论如何也拿不出来了。所以，他虽然来到了音乐之都，却只能站在大学的门外，因为他没有钱。他必须先到街头拉琴卖艺来赚自己的学费与生活费。

很幸运地，乔在一家大型商场的附近找到了一位为人不错的琴手，他们一起在那里拉琴。这个地理位置比较优越，他们挣到了很多钱。

但是这些钱并没有让乔忘记自己的梦想。过了一段时日，乔赚够了自己必要的生活费与学费，就和那个琴手道别了。他要学习，要进入大学进修，要在音乐的学府里拜师学艺，要和琴技高超的同学们互相切磋。乔将全部的时间和精力都投注在提升音乐素养和琴艺上。十年后，乔有一次路过那家大型商场，巧得很，他的老朋友——那个当初和他一起拉琴的家伙，仍在那儿拉琴，表情一如往昔，脸上露着得意、满足与陶醉。

那个人也发现了乔，很高兴地停下拉琴的手，热络地说道："兄弟啊！好久没见啦！你现在在哪里拉琴啊？"

乔回答了一个很有名的音乐厅的名字，那个琴手疑惑地问道："那里也让流浪艺人拉琴吗？"乔没有说什么，只是淡淡地笑着点了点头。

其实，十年后的乔，早已不是当年那个当街献艺的乔了，他已经成为一位音乐家，经常应邀在著名的音乐厅中登台献艺，早就实现了自己的梦想。

我们的才华、我们的潜力、我们的前程，如果没有胆量的推动，很可能只是一场镜花水月，当梦醒来，一切也就醒了。

一个永不丧失勇气的人是永远不会被打败的。就像弥尔顿说的："即使土地丧失了，那有什么关系。即使所有的东西都丧失了，但不可被征服的意志和勇气是永远不会屈服的。"如果你以一种充满希望、充满自信的精神进行工作的话，如果你期待着自己的伟业，并且相信自己能够成就这番伟业的话，如果你能展现出自己的勇气的话——任何事情都不能阻挡你前进，你可能遇到的任何失败都只是暂时性的，你最终必定会取得成功。

如果你觉得自己非常渺小，如果你认为自己是一个效率很低、微不足道的人，并且你不相信自己可以出色地完成任务的话——这就会限制你可能达到的人生高度。你不可能超越你的想象。自我贬低和害羞怯懦不但阻止了你的进步，而且严重损害了你的整个职业生涯，甚至还会损害你的身体健康。

"勇气是在偶然的机会中激发出来的。"莎士比亚说。除非你让自己时刻保持一种接受勇气的态度，否则，你不要指望自己的身上会时时刻刻体现出巨大的勇气。在就寝前的每个夜晚，在起床时的每个清晨，你都要对自己说"我会做到的，我能行"，并以此作为自己坚定的信条，然后充满自信地勇敢前进。

生活给予我们的，必是可以承受的

"没有永久的幸福，也没有永久的不幸"，尽管在生活中，我们每个人都会遇到各种各样的挫折和不幸，而且有的人不仅仅要承受一种磨难，甚至受打击的时间可以长达几年、十几年，但是让人极度讨厌的厄运也有它的"致命弱点"，那就是它不会持久存在。

人们在遭受了生活的打击之后，总是习惯抱怨自己的命运不好，身边没有能够帮忙的朋友，家世也不好，没有可依靠的父母等。其实

别在该努力的时候，只谈梦想

抱怨并不能解决问题，当问题发生的时候，我们一定要相信——厄运不久就会远走，好运迟早会到来。

匹兹堡有一个女人，她已经35岁了，过着平静、舒适的中产阶层的家庭生活。但是，她突然连遭四重厄运的打击。丈夫在一次事故中丧生，留下两个小孩。没过多久，一个女儿被烤面包的油脂烫伤了脸，医生告诉她孩子脸上的伤疤终生难消，母亲为此伤透了心。她在一家小商店找了份工作，可没过多久，这家商店就关门倒闭了。丈夫给她留下一份小额保险，但是她耽误了最后一次保费的续交期，因此保险公司拒绝支付保费。

碰到一连串不幸事件后，女人近乎绝望。她左思右想，为了自救，她决定再做一次努力，尽力拿到保险补偿。在此之前，她一直与保险公司的普通员工打交道。当她想面见经理时，一位接待员告诉她经理出去了。她站在办公室门口无所适从，就在这时，接待员离开了办公桌。机遇来了。她毫不犹豫地走进了经理的办公室，结果，看见经理独自一人在那里。经理很有礼貌地问候了她。她受到了鼓励，沉着镇静地讲述了索赔时碰到的难题。经理派人取来她的档案，经过再三思索，决定应当以德为先，给予赔偿，虽然从法律上讲公司没有承担赔偿的义务。工作人员按照经理的决定为她办了赔偿手续。

但是，由此引发的好运并没有到此中止。经理尚未结婚，对这位年轻寡妇一见倾心。他给她打了电话，几星期后，他为寡妇推荐了一位医生，医生为她的女儿治好了病，脸上的伤疤被清除干净；经理通过在一家大百货公司工作的朋友给寡妇安排了一份工作，这份工作比以前那份工作好多了。不久，经理向她求婚。几个月后，他们结为夫妻，而且婚姻生活相当美满。

这个故事很好地阐释了厄运与好运的意义，厄运不会一直存在于我们的生活里，即使是现在深陷困境，也会在不久之后就等到了厄运的夭折期。

易卜生说："不因幸运而故步自封，不因厄运而一蹶不振。真正的强者，善于从顺境中找到阴影，从逆境中找到光亮，时时校准自己前进的目标。"

任何时候，都不要因厄运而气馁，厄运不会时时伴随你，阴云之后的阳光很快就会来临。

不要把自己禁锢在眼前的痛苦中

世事无常，我们随时都会遇到困厄和挫折。遇见生命中突如其来的困难时，你都是怎么看待的呢？不要把自己禁锢在眼前的困苦中，眼光放远一点，当你看得见成功的未来远景时，便能走出困境，达到你梦想的目标。

在断崖上，不知何时长出了一株小小的百合。它刚发芽的时候，长得和野草一模一样，但是，它心里知道自己并不是一株野草。它的内心深处，有一个纯洁的念头："我是一株百合，不是一株野草。唯一能证明我是百合的方法，就是开出美丽的花朵。"它努力地

别在该努力的时候，只谈梦想

吸收水分和阳光，深深地扎根，直直地挺着胸膛，对附近的杂草置之不理。

在野草和蜂蝶的鄙夷下，百合努力地释放内心的能量。百合说："我要开花，是因为知道自己有美丽的花；我要开花，是为了完成作为一株花的庄严使命；我要开花，是由于自己喜欢以花来证明自己的存在。不管你们怎样看我，我都要开花！"

终于，它开花了。它那灵性的洁白和秀挺的风姿，成为断崖上最美丽的风景。年年春天，百合努力地开花、结籽，最后，这里被称为"百合谷地"。因为这里到处是洁白的百合。

我们生活在一个竞争十分激烈的社会，有时在某方面一时落后，有时困难重重，有时失败连连，甚至有时被人嘲笑……无论什么时候，我们都不能放弃努力；无论什么时候，我们都应该像那株百合一样，为自己播下希望的种子。

内心充满希望，它可以为你增添一份勇气和力量，它可以支撑起你一身的傲骨。当莱特兄弟研究飞机的时候，许多人都讥笑他们是异想天开，当时甚至有句俗语说："上帝如果有意让人飞，早就使他们长出翅膀。"但是莱特兄弟毫不理会外界的说法，终于发明了飞机。当伽利略以望远镜观察天体，发现地球绕太阳而行的时候，教皇曾将他下狱，命令他改变主张，但是伽利略依然继续研究，并著书阐明自己的学说，他的研究成果后来终于获得了证实。最伟大的成就，常属于那些在大家都认为不可能的情况下却能坚持到底的人。坚持就是胜利，这是成功的一条秘诀。

暂时的落后一点都不可怕，自卑的心理才是可怕的。人生的不如意、挫折、失败对人是一种考验、一种学习、一种财富。我们要牢记"勤能补拙"，既能正确认识自己的不足，又能放下包袱，以最大的决心和最顽强的毅力克服这些不足，弥补这些缺陷。

在不断前进的人生中，凡是看得见未来的人，也一定能掌握现在，因为明天的方向他已经规划好了，知道自己的人生将走向何方。留住心中的"希望种子"，相信自己会有一个无可限量的未来，心存希望，任何艰难都不会成为我们的阻碍。只要怀抱希望，生命自然会充满激情与活力。

用今天的坚强，救赎曾经迷失的自己

人不能总停留在原地，而是要努力向前。感谢折磨你的人，你将得到更迅捷的发展速度。

对于生活中的各种折磨，我们应时时心存感激。只有这样，我们才会常常有一种幸福的感觉，纷繁复杂的世界才会变得鲜活、温馨和动人。一朵美丽的花，如果你不能以一种美好的心情去欣赏它，它在你的心中和眼里也永远娇艳妩媚不起来，而如你的心情一般灰暗和没有生机。

只有心存感激，我们才会把折磨放在背后，珍视他人的爱心，才会享受生活的美好，才会发现世界原本有太多的温情。心存感激，是一种人格的升华，是一种美好的人性。只有心存感激，我们才会热爱生活，珍惜生命，以平和的心态去努力地工作与学习，使自己成为一个有益于社会的人。心存感激，我们的生活就会洋溢着更多的欢笑和阳光，世界在我们眼里就会更加美丽动人。

面对人生中各种各样的坎坷，你要保持感谢的态度，因为唯有折磨才能使你不断地成长。法国启蒙思想家伏尔泰说："人生布满了荆棘，我们的唯一办法是从那些荆棘上面迅速踏过。"人生是不平坦的，但同时也说明生命正需要磨炼，燧石受到的敲打越厉害，发出的光就越灿烂。正是这种敲打才使它发出光来，因此，燧石需要感谢那些敲打。人也一样，感谢折磨你的人，你就是在锤炼自己。

美国独立企业联盟主席杰克·弗雷斯从 13 岁起就开始在他父母的加油站工作。弗雷斯想学修车，但他父亲让他在前台接待顾客。当有汽车开进来时，弗雷斯必须在车子停稳前就站到司机门前，然后去检查油量、蓄电池、传动带、胶皮管和水箱。

弗雷斯注意到，如果他干得好的话，顾客大多还会再来。于是弗雷斯总是多干一些，帮助顾客擦去车身、挡风玻璃和车灯上的污渍。有一段时间，每周都有一位老太太开着她的车来清洗和打蜡。这个车的车内踏板凹陷得很深很难打扫，而且这位老太太极难打交道。每次当弗雷斯给她把车清洗好后，她都要再仔细检查一遍，让弗雷斯重新打扫，直到清除掉每一缕棉绒和灰尘，她才满意。

终于有一次，弗雷斯忍无可忍，不愿意再侍候她了。他的父亲告诫他说："孩子，记住，这就是你的工作！不管顾客说什么或做什么，你都要记住做好你的工作，并以应有的礼貌去对待顾客。"

父亲的话让弗雷斯深受震动，许多年以后他仍不能忘记。弗雷斯说："正是在加油站的工作使我学到了严格的职业道德和应该如何对待顾客，这些东西在我以后的职业生涯中起到了非常重要的作用。"

其实，弗雷斯的成功与他懂得感谢那些折磨自己的人有着莫大的关系。"吃一堑，长一智"，你为什么不对他心存感激呢？学会感谢折磨你的人，这样，你注定会与成功结缘。

别在该努力的时候，只谈梦想

第八章

走好选择的路，
别选择好走的路

不能选择出身，但可以选择未来

我们一生下来就被确定出身，无法选择。也许我们出身贫寒，也许有的人一生下来就身患疾病，这些不幸会让人感到沮丧。然而这些并不是最重要的，因为改变命运的权利是掌握在我们自己手中的。人生奋斗之路，我们无法选择起点，但是我们可以选择方向。

20多岁的年轻人应该清楚地认识到自己的出身和过去不是最重要的，重要的是如何把握现在和将来，选择要走一条什么样的路。

威尔玛·鲁道夫从小就"与众不同"，因为小儿麻痹症，不要说像其他孩子那样欢快地跳跃奔跑，就连平常走路都做不到。寸步难行的她非常悲观和忧郁。随着年龄的增长，她的忧郁和自卑感越来越重，她甚至拒绝所有人的靠近。但也有例外，邻居家的残疾老人是她的好伙伴。老人在一场战争中失去了一只胳膊，但他非常乐观，她也喜欢听老人讲故事。

有一天，她被老人用轮椅推着去附近的一所幼儿园，操场上孩子们动听的歌声吸引了他俩。当一首歌唱完，老人说道："让我们为他们鼓掌吧！"她吃惊地看着老人，问道："我的胳膊动不了，你只有一只胳膊，怎么鼓掌啊？"老人对她笑了笑，解开衬衣扣子，露出胸膛，用手掌拍起了胸膛……

那是一个初春的早晨，风中还有几分寒意，但她突然感觉自己

别在该努力的时候，只谈梦想

的身体里涌起一股暖流。老人对她笑了笑，说："只要努力，一个巴掌也可以拍响。你一定能站起来的！"那天晚上，她让父亲写了一张纸条贴在墙上："一个巴掌也能拍响！"从那之后，她开始配合医生做运动。无论多么艰难和痛苦，她都咬牙坚持着。有一点进步了，她又以更大的受苦姿态，来求更大的进步。甚至父母不在家时，她自己扔开支架，试着走路……蜕变的痛苦牵扯到筋骨。她坚持着，相信自己能够像其他孩子一样行走、奔跑。11岁时，她终于扔掉支架，开始向另一个更高的目标努力着：锻炼打篮球和参加田径运动。

1960年，罗马奥运会女子100米决赛，当她以11秒18的成绩第一个撞线后，掌声雷动，人们都站起来为她喝彩，齐声欢呼着她的名字："威尔玛·鲁道夫！威尔玛·鲁道夫！"那一届奥运会上，威尔玛·鲁道夫成为当时世界上跑得最快的女人，她共摘取了3枚金牌，也是第一个黑人奥运女子百米冠军。

威尔玛·鲁道夫一出生就不幸患上了小儿麻痹症，曾很长一段时间对此感到沮丧，但最终她还是选择了坚强，选择了与疾病做斗争。最终她战胜了疾病，并且创造了辉煌。

有这样一则笑话：

一天，在一座监狱门前站着3个人，一个美国人、一个法国人和一个犹太人。他们将一起在这里度过3年的时光。监狱长允许他们3个人一人提一个要求。那个美国人爱抽雪茄，要了3箱雪茄；那个法国人非常浪漫，要了一个美女为伴；而那位犹太人却提出，他要一部能够和外界沟通的电话。3年很快就过去了。第一个冲出来的是美国人，嘴巴和鼻孔里都塞满了雪茄，一边跑，一边大声地嚷嚷："给我火，给我火！"原来他进来的时候忘了跟监狱长要火了。接着，那个法国人也和他的美人出来了。他左手抱着一个小孩，右手和那位美女共同牵着一个小孩。美女挺着个大肚子，还怀着一个小孩。最后出来的是那位犹太人，他快步走到监狱长面前，紧紧地握住监狱长的手说："太感谢您了！在这里我学到了更多的、更新的经商理念。这3年来，我能够时刻与外界保持联系，生意不但没有受到损失，反而增长了两倍。"这位犹太人挺了挺胸膛，说道："为了表示感谢，我送你一辆奔驰！"

出身不是最重要的，命运可以自己选择，关键看你如何行动。

决定你一生的不是努力，而是选择

20多岁以后，一路走来，我们身边不乏这样的人：每晚秉烛夜读，可学习成绩始终平平，没有很大的进步；工作兢兢业业、勤勤恳恳，可业绩还是丝毫没有起色……

我们站着不比人矮，躺着不比人短，吃的也不比人少，但为什么就是干得没有别人出色呢？方法的选择是一个很重要的因素，做好选择远比盲目努力要好。

有一个非常勤奋的青年，很想在各个方面都比身边的人强。可经过多年的努力，仍不见有什么成就，这让他很苦恼。于是他决定去请教一位高僧，希望从那里能得到一些指点。

那位高僧明白年轻人的来意后，叫来正在砍柴的 3 个弟子，嘱咐说："你们带这个施主到五里山，打一担自己认为最满意的柴火。"于是年轻人和 3 个弟子沿着门前湍急的江水，直奔五里山。

他们返回时，高僧在原地迎接他们。年轻人满头大汗、气喘吁吁地扛着两捆柴，蹒跚而来；两个弟子一前一后，前面的弟子用扁担左右各担 4 捆柴，后面的弟子轻松地跟着。正在这时，从江面驶来一个木筏，载着小弟子和 8 捆柴火，停在高僧的面前。

年轻人和两个先到的弟子，你看看我，我看看你，沉默不语。唯独划木筏的小徒弟，与高僧坦然相对。高僧见状，问："怎么啦，你们对自己的表现不满意？"

"大师，让我们再砍一次吧！"那个年轻人请求说，"我一开始就砍了 6 捆，扛到半路，就扛不动了，扔了两捆；又走了一会儿，还是压得喘不过气，又扔掉两捆；最后，我就把这两捆扛回来了。可是，大师，我已经很努力了。"

"我和他恰恰相反，"那个大弟子说，"刚开始，我俩各砍两捆，将 4 捆柴一前一后挂在扁担上，跟着这个施主走。我和师弟轮换担柴，不但不觉得累，反倒觉得轻松了很多。最后，又把施主丢弃的柴挑了回来。"

划木筏的小弟子接过话，说："我个子矮，力气小，别说两捆，就是一捆，这么远的路也挑不回来，所以，我选择走水路……"

高僧用赞赏的目光看着弟子们，微微点头，然后走到年轻人面前，拍着他的肩膀，语重心长地说："一个人要走自己的路，本身没有错，关键是怎样走；走自己的路，让别人去说，也没有错，关键是走的路是否正确。年轻人，你要永远记住：选择比努力更重要。"

要想真正把一件事情做得得心应手，就要学会选择正确的人生目标，因为正确的航向才能到达成功的彼岸。当发现自己已与目标背道而驰时，不要犹豫，放弃它，去寻找属于自己的正确方向，然后把握它。

人生的最大悲剧不是无法实现自己的目标，而是目标有了，却选择了一条错误甚至是与之相悖的道路，然后一条道走到黑。这样的话，你所做的全部努力都将白费。

从前有个小村庄，村里除了雨水没有任何水源，为了解决这个问题，村里的人决定对外签订一份送水合同，以便每天都能有人把水送到村子里。有两个人愿意接受这份工作，于是村里的长者把这份合同同时给了这两个人。

得到合同的两个人中有一个叫艾德，他立刻行动了起来。每日奔波于 1 里外的湖泊和村庄之间，用他的两只桶从湖中打水运回村子，并把打来的水倒在由村民们修建的一个坚固的大蓄水池中。每天早晨他都比其他村民起得早，以便当村民需要用水时，蓄水池中已有足够的水供他们使用。由于起早贪黑地工作，艾德很快就开始挣钱了。尽管这是一项相当艰苦的工作，但是艾德很高兴，因为他能不断地挣钱，并且他对能够拥有两份专营合同中的一份而感到满意。

另外一个获得合同的人叫比尔。令人奇怪的是，自从签订合同后比尔就消失了，几个月来，人们一直没有看见过比尔。这点令艾德兴奋不已，由于没人与他竞争，他挣到了所有的水钱。

比尔干什么去了？他做了一份详细的商业计划书，并凭借这份计划书找到了4位投资者，一起开了一家公司。6个月后，比尔带着一个施工队和一笔投资回到了村庄。花了整整一年的时间，比尔的施工队修建了一条从村庄通往湖泊的大容量的不锈钢管道。这个村庄需要水，其他有类似环境的村庄一定也需要水。于是比尔重新制订了他的商业计划，开始向全国甚至全世界的村庄推销他的快速、大容量、低成本并且卫生的送水系统，每送出一桶水他只赚1便士，但是每天他能送几十万桶水。无论他是否工作，几十万的人都要消费这几十万桶的水，而所有的钱都流入了比尔的银行账户中。显然，比尔不但开发了使水流向村庄的管道，而且还开发了一个使钱流向自己钱包的管道。从此以后，比尔幸福地生活着，而艾德在他的余生里仍拼命地工作，最终还是陷入了"永久"的财务问题中。

　　同样是工作，有些人只懂勤勤恳恳，循规蹈矩，终其一生也成就不大。而有些人却在努力寻找一种最佳的方法，在有限的条件下发挥才智的作用，将工作做到最完美。不可否认，勤奋和韧性是解决问题的必要条件，但是除此之外，我们还应当运用自己的智慧做好选择。

看树插秧，向着标杆直跑

　　20多岁的年轻人要想取得成功，方向是非常重要的，方向错了，再怎么努力也只能是徒劳。努力也是有条件的，当你陷进泥塘里的时候，就应该知道及时爬出来，远远地离开那个泥塘。有人说，这个谁不会啊！而事实上，不会的人很多。比如一个不适合自己的公司，一堆被套牢的股票，一场"三角"或"多角"恋爱，或者是个难以实现的梦幻……在这样的境遇里，你再怎样挣扎也无济于事，真正聪明的做法就是调整方向，重新来过。

也许有人会说，这有什么不懂，谁都不是傻子。不过在现实生活中确实有一些人在做着无谓的斗争与努力，就像是已经坐上了反方向的公共汽车，还要求司机加快速度。有好心人告诉他停止前进，重新选择方向的时候，他还振振有词，自己不愿意下车。于是就把责任推给售票员，是售票员没有阻止自己登上汽车；于是就努力说服司机改变行车路线，教育他跟着自己的路线前进；于是坚持坐到底，因为在999次失败后也许就是最后的成功……

在20世纪的40年代，有一个年轻人，先后在慕尼黑和巴黎的美术学校学习画画。"二战"结束后，他靠卖自己的画为生。

一日，他的一幅未署名的画，被他人误认为是毕加索的画而出高价买走。这件事情给他一个启发，于是他开始大量地模仿毕加索的画，并且一模仿就是20多年。

20多年后，他一个人来到西班牙的一个小岛，他渴望安顿下来，筑一个巢。他又拿起画笔，画了一些风景画和肖像画，每幅都签上了自己的真名。但是这些画过于感伤，主题也不明确，没有得到认可。更不幸的是，当局查出他就是那位躲在幕后的假画制造者，考虑到他是一个流亡者，所以没有判他永久被驱逐，而只判了他两个月的监禁。

这个人就是埃尔米尔·霍里。毋庸置疑，埃尔米尔有独特的天赋和才华，但是由于没有找准自己努力的方向，终于陷进泥淖，不能自拔，并终究难逃败露的结局。最可惜的是，他在长时间模仿他人的过程中渐渐迷失了自己，再也画不出真正属于自己的作品了。对人生而言，努力固然重要，但是更重要的则是选择努力的方向。

人生道路上，我们常常被高昂而光彩的语汇弄昏了头，以不屈不挠、百折不回的精神坚持永不认输，从而输掉了自己！选对方向，及时改变方向应该是最基本的生活常识，就像我们会经常听见有人聊天：

——工作怎么样啊？

——嗨，凑合，混口饭吃吧！

既然只能是"凑合"着，"混饭"吃，那为什么不去选择一份更适合自己，自己更喜欢的工作呢？

看树插秧，向着标杆直跑，才能以最快的速度到达终点。如果你发现自己现在所从事的工作并不适合自己，就要赶紧调整前进的方向，不要担心来不及，如果你一直有这样的顾虑，那才真正丧失了大好的时机。当你确实发现自己真的走错了方向时，最好先静下来想一想，然后再去努力寻找新的机会，并在新的领域里重新开始，立志有所作为。要知道当你找到了前进的方向，世界便也为你让路，而那种明知自己走错了路，又前怕狼后怕虎的人，只能是独自空叹，虚度一生！

不忘初心，才不会迷失自己

有时候选择多并不是一件好事，这反而会让我们在人生的"米"字路口徘徊不定，不知道哪条路上的风景更好。我们是不是有过这样的感觉：自己有了一台电脑，什么影视节目都可以看到，但还是电视上的节目更能吸引我们；而看电视也是如此，以前十几个台看得津津有味，现在五六十个台了，反而觉得没以前那么有意思了。

美国哥伦比亚大学与斯坦福大学曾共同进行了一项研究，研究表明，选项愈多反而可能造成负面结果。而并不是像人们通常所认为的，选择愈多愈好。

研究人员曾经做了一个这样的实验：一组被试者在只有6种口味的巧克力中选择自己想买的，而另外一组被试者则在拥有30种口味的巧克力中做出自己的选择。结果，后一组中有更多人感到所选的巧克力不大好吃，对自己的选择有点后悔。另一个实验是在加州斯坦福大学附近的一个以食品种类繁多闻名的超市中进行的：工作人员在超市里设置了两个摊位，一个有6种口味，另一个有24种口味。结果显示有24种口味的摊位吸引的顾客较多：242位经过的客人中，60%会停下试吃；而260个经过6种口味的摊位的客人中，停下试吃的只有40%。不过最终的结果却是出乎意料：在有6种口味的摊位前停下的顾客30%都至少买了一瓶果酱，而在有24种口味摊位前的试吃者中只有3%的人购买。

选择太多反而可能造成负面结果。简化选项反而可能会让我们

别在该努力的时候，只谈梦想

变得神清目朗，更加坚定自己的目标，激发更强大的信心。

　　楚汉争霸的战争中，汉军大将韩信和张耳率领人马，想要东下取道井陉（井陉县位于河北省西陲，太行山东麓）攻击赵国。赵王、成安君陈余听说汉军来袭，在井陉口聚集兵力，严阵以待，号称二十万大军。广武君李左车向成安君献计说："听说汉将韩信渡过西河，俘虏魏王豹，生擒夏说，近来又在阏与（今山西沁县册村镇乌苏村）鏖战喋血。现在又以张耳作为辅将，计议攻下赵国，这是乘胜利的锐气离开本国远征，其锋芒锐不可当。可是，我听说千里运送粮饷，士兵们就会因粮食不继而面带饥色，临时砍柴割草烧火做饭，军队就不能经常吃饱。眼下井陉这条道路，两辆战车不能并行，骑兵不能排成行列，汉军行进的队伍绵延数百里，运粮食的队伍势必远远地落到后边。希望足下您拨给我奇兵三万人，从隐蔽小路拦截他们的辎重，而足下您则深挖战壕，高筑营垒，坚壁清野，不与交战。这种情势下，汉军向前不得战斗，向后无法退还。此时我出奇兵截断他们的后路，使他们在荒野什么东西也抢掠不到，用不了十天，二将的人头就可送到将军帐下。希望您仔细考虑我的计策。否则，我们一定会被韩信、张耳俘虏。"成安君是一个信奉儒家学说的刻板书生，经常宣称正义的军队不用阴谋诡计，对李左车说："我听说兵书上讲，兵力十倍于敌人，就可以包围它，超过敌人一倍就可以交战。现在韩信的军队号称数万，实际上不过数千。竟然跋涉千里来袭击我们，想必已经到了极限。若如你所说，采取回避不出击的计策，等到汉军强大的后续部队赶来支援，那时我们又怎么对付呢？而其他诸侯们也会认为我胆小，就会轻易地来攻打我们。"于是没有采纳广武君的计谋。

韩信派人暗中打探，了解到广武君的计谋没有被采纳，韩信大喜，于是领兵前进。在离井陉口还有三十里处，停下安营扎寨。待半夜时，传令进军。韩信挑选了两千名轻装骑兵，每人手持一面红旗，从隐蔽的小道上山，在山上隐蔽着观察赵国的军队。韩信告诫说："交战时，赵军见我军败逃，一定会倾巢出动前来追赶我军，这时候你们火速冲进赵军的营垒，拔掉赵军的旗帜，竖起汉军的红旗。"又让副将传达开饭的命令，说："今天击败赵军后正式会餐。"将领们都不相信，只佯装允诺。韩信对手下军官说："赵军已先占据了有利地形，趁地利坚壁清野。他们不看到我们大将的旗帜是不会攻击我军先头部队的，是怕我们遇到险阻的地方退回去。"于是韩信派出万人作为先头部队出发，背靠河岸排兵布阵。赵军远远望见，大笑不止。天刚蒙蒙亮，韩信竖起大将的旗帜，擂鼓行军，出井陉口。见大将旗帜，赵军果然打开营垒攻击汉军，激战持续很长时间。这时，韩信、张耳假装抛旗弃鼓，逃回河边的阵地。河边阵地的部队打开营门放他们进去。然后再和赵军激战。赵军果然倾巢出动，争夺汉军的旗鼓，追逐韩信、张耳。韩信、张耳已进入河边阵地，全军殊死奋战，赵军一时无法取胜。此时韩信预先派出去的两千轻骑兵，趁赵军倾巢出动的时候，火速冲进赵军空虚的营垒，把赵军的旗帜全部拔掉，竖立起汉军的两千面红旗。此时的赵军既不能取胜，又不能俘获韩信等人，想要退回营垒，见营垒插满了汉军的红旗，大为震惊，以为汉军已经全部俘获了赵王的将领，于是军队大乱，纷纷落荒潜逃，即使有赵将诛杀逃兵，也不能制止颓势。于是汉兵前后夹击，彻底摧垮了赵军，俘虏了大批人马，并在泜水岸边生擒了赵王。

别在该努力的时候，只谈梦想

在开庆功宴的时候，将领们问韩信："兵法上说，列阵可以背靠山，前面可以临水泽，现在您让我们背靠水排阵，还说打败赵军再饱饱地吃一顿，我们当时不相信，然而我们确确实实取胜了，这是一种什么策略呢？"韩信笑着回答说："这也是兵法上有的，只是你们没有注意到罢了。兵法上不是说'陷之死地而后生，置之亡地而后存'吗？如果是有退路的地方，士兵都逃散了，怎么能让他们拼命呢！"

把军队排布在河岸，这意味着要么就是胜利，要么就是死亡。韩信让他的将士们明白他们别无选择，只有奋勇杀敌才是唯一的出路，因此才取得了这场战争的胜利。历史上多有这样的考虑，如破釜沉舟、穷寇莫追、狗急跳墙等。

有太多的选项并不一定就是好事，因为这容易让人游移不定，拿不定主意。所以，当我们面对多个选项犹豫不决并为此感到烦恼时，我们应当做到将选项尽量简化，权衡后再做出选择，如此就不必因为选择桃子而错过李子的决定而后悔了。

甚至有时候，让自己没有选择反而会是一个很好的选择！

正确的方法，比坚持的态度更重要

"愚公移山"的故事，老少皆知。我们钦佩愚公的干劲、执着，但同时也有人抱质疑态度：愚公搬一次家，又何至于让子子孙孙都辛苦一生？

工作中，许多人常咬紧"青山"不放松，永不言放弃，却只能头破血流、两败俱伤。变一回视线，换一次角度，找一下方法，将会"柳暗花明又一村"。

小马到一家公司去推销商品。他恭敬地请秘书把名片交给董事长，正如所料，董事长还是把名片丢了回来。"怎么又来了！"董事长有些不耐烦。无奈，秘书只得把名片退还给立在门外受尽冷落的小马，但他毫不在意地再把名片递给秘书。"没关系，我下次再来拜访，所以还是请董事长留下名片。"

拗不过小马的坚持，秘书硬着头皮，再进办公室，董事长火了，将名片撕成两半，丢给秘书。秘书不知所措地愣在当场，董事长更生气了，从口袋拿出 10 块钱说道："10 块钱买他一张名片，够了吧！"哪知当秘书递还给业务员名片与钞票后，小马很开心地高声说："请你跟董事长说，10 块钱可以买两张我的名片，我还欠他一张。"随即他再掏出一张名片交给秘书。突然，办公室里传来一阵大笑，董事长走了出来说道："这样的业务员不跟他谈生意，我还找谁谈？"说着把小马请进了办公室。

大多数情况下，正确的方法比坚持的态度更有效、更重要。坚持固然是一种良好的品质，但在有些事上，过度的坚持反而会导致更大的浪费。因此，在做一件事情时，在没有胜算的把握和科学根据的前提下，应该见好就收，知难而退。

某个国家的火箭研制成功后，科学家选定一个海岛做发射基地。经过长久的准备，进入可以实际发射的阶段时，海岛上的居民却反对火箭在此发射。于是全体技术人员总动员，反复地与岛上居民谈判、

别在该努力的时候，只谈梦想

沟通，以寻求他们的理解。可是，交涉进展十分不顺利，最后终于说服了岛上的居民，但前后花费了 3 年的时间。

后来大家重新检讨这件事情时，发现火箭的发射并不是非这个海岛不行。当时如果把火箭运到别的地方，那么，3 年前早就发射完成了。可是当时所有人都执着于说服岛民，所以才连"换个地方"这么简单的方法都没有想到。

当你发现自己处于一个进退两难的境地，做出一定努力之后事情仍无转机时，最明智的办法就是抽身退出，寻找其他的成功机会。

在形形色色的问题面前，在人生的每一次关键时刻，聪明的企业员工会灵活地运用智慧，做出最正确的判断，选择属于自己的正确方向。同时，他会随时检视自己选择的角度是否产生偏差，适时地进行调整，而不是以坚持到底为圭臬，只凭一套哲学，便欲强渡职场中所有的关卡。20 多岁的年轻人在奋斗的路上，应当时时留意自己执着的意念是否与成功的法则相抵触。追求成功，并不意味着我们必须全盘放弃自己的执着，去迁就成功法则，但若能适时在意念、方法上做灵活的修正，我们将离成功越来越近。

恐惧不是魔鬼，但它总在我们心里作祟

我们的恐惧情绪，有一部分是来自怕犯错误。我们总是小心翼翼地往前迈进，生怕迈错一步，给自己带来悔恨和失败。其实，错误是这个世界的一部分，与错误共生是人类不得不接受的命运。

错误并不总是坏事，从错误中汲取经验教训，再一步步走向成功的例子也比比皆是。因此，当出现错误时，我们应该像有创造力的思考者一样了解错误的潜在价值，然后把这个错误当作垫脚石，从而产生新的创意。

事实上，人类的发明史、发现史到处充满了错误假设和失败观念。哥伦布以为他发现了一条到印度的捷径；开普勒偶然间得到行星间引力的概念，他这个正确假设正是从错误中得到的；再说爱迪生还知道上万种不能制造电灯泡的方法呢。

错误还有一个好处，它能告诉我们什么时候该转变方向。比如你现在可能不会想到你的膝盖，因为你的膝盖是好的；假如你折断一条腿，你就会立刻注意到你以前能做且认为理所当然的事，现在都没法做了；假如我们每次都对，那么我们就不需要改变方向，只要继续坚持目前的方向，直到结束。

不要用别人走过的路来作为自己的依据，要知道，自己若不去验证，你永远都不知道那是不是一个错误的依据。

其实，你也可以用反躬自问的方式来驱赶错误带给你的恐惧，例如：我从错误中可以学到什么？你可以测试你认为犯下的错误然后把从中得到的教训详列出来。千万别放弃犯错的权利，否则你便会失去学习新事物以及在人生道路上前进的能力。你要牢记，追求完美心理的背后隐藏着恐惧。当然，也有利于追求完美就是无须冒着失败和受人批评的危险。不过，你同时会失去进步、冒险和充分享受人生的机会。说来奇怪，敢于面对恐惧和保留犯错误权利的人，往往生活得

别在该努力的时候，只谈梦想

更快乐和更有成就。

马尔登曾说过："人们的不安和多变的心理，是现代生活多发的现象。"他认为，恐惧是人生命情感中难解的症结之一。面对自然界和人类社会，生命的进程从来都不是一帆风顺、平安无事的，总会遭到各种各样、意想不到的挫折、失败和痛苦。当一个人预料将会有某种不良后果产生或受到威胁时，就会产生这种不愉快的情绪，并为此紧张不安，忧虑、烦恼、担心、恐惧，程度从轻微的忧虑一直到惊慌失措。

最坏的一种恐惧，就是常常预感到某种不祥之事的来临。这种不祥的预感，会笼罩着一个人的生命，像云雾笼罩着爆发之前的火山一样，束缚住我们的手脚，让我们失去挣扎的力量，而被死死地困在里面。

成长，本就是个孤立无援的过程

一个人不管你想要在哪个方面获得成功，也不管你能够获得成功的条件和环境有多么好，如果你不能突破自我便不能成功。

伏尔泰说："不经历巨大的痛苦，不会有伟大的事业。"我们每做一件事，都会在自我心中形成一个障碍，直至完成，这些障碍都会一直存在，很多人因此而陷入失败。

很多人花费许多力气去找寻"无法成功"的原因，其实他们不知道自我设限就是主要原因。

因此，在面临生活中这样那样的不如意时，不妨将这些不如意当作一次突破自我的机会，勇敢地跨越自我的极限，生命就会更上一层楼。

德山禅师在尚未得道之时曾跟着龙潭大师学习，日复一日地诵经苦读让德山有些忍耐不住，一天，他跑来问师父："我就是师父翼下正在孵化的一只小鸡，真希望师父能从外面尽快地啄破蛋壳，让我早日破壳而出啊！"

龙潭笑着说："被别人剥开蛋壳而出的小鸡，没有一个能活下来的。母鸡的羽翼只能提供让小鸡成熟和有破壳力的环境，你突破不了自我，最后只能胎死腹中。不要指望师父能给你什么帮助。"

德山听后，满脸迷惑，还想开口说些什么，龙潭说："天不早了，你也该回去休息了。"德山撩开门帘走出去时，看到外面非常黑，就说："师父，天太黑了。"龙潭便给了他一支点燃的蜡烛，他刚接过来，龙潭就把蜡烛熄灭，并对德山说："如果你心头一片黑暗，那么，什么样的蜡烛也无法将其照亮啊！即使我不把蜡烛吹灭，说不定哪阵风也要将其吹灭！只有点亮心灯一盏，天地自然一片光明。"

德山听后，如醍醐灌顶，后来果然青出于蓝，成了一代大师。

鹰是世间寿命最长的鸟类，它一生的年龄可达70岁。在40岁时，它如果要继续活下去，必须经历一次痛苦的重生。

当鹰活到40岁时，它的爪子开始老化，不能有力地抓住猎物。它的喙开始变得又长又弯，几乎触到胸膛。它的翅膀也开始变得沉重，因为它的羽毛长得又浓又厚，飞翔都显得有些吃力。

这时它只有两种选择：等死，或开始一次痛苦的重生——150天漫长的折磨。它必须很努力地飞到山顶，在悬崖上筑巢，停留在那里，不能飞翔。

鹰首先用它的喙击打岩石，直到喙完全脱落。然后静静地等待新的喙长出来。它会用新长出的喙把指甲一根一根地拔出来。当新的指甲长出来后，就再把羽毛一根一根地拔掉。5个月以后，新的羽毛长出来了，鹰经历了一次再生。

如果40岁的鹰选择逃避，那么等待它的就是生命的枯萎，它唯有选择经历苦痛，生命才得以再生。在重生与成功的道路上注定会荆棘密布。

人生道路上，每一次辉煌的背后肯定都有一个凤凰涅槃的故事，世上没有不弯的路，人间没有不谢的花。折磨原本就是生命旅途中一道不可或缺的风景。

生命，总是在各种各样的折磨中茁壮成长。

能让你度过黑暗的，只有自己亲手点亮的光芒

只有历经折磨的人，才能够更快、更好地成长，生活只能在折磨中得到升华。

自从人被赶出了伊甸园，人的日子就不好过了。在人的一生当中，总会遇到失业、失恋、离婚、破产、疾病等厄运，即使你比较幸

运，没有遭遇以上那些厄运，你也可能要面临升学压力、工作压力、生活压力等各种烦心事，这些事在人生的某一时期萦绕在你的周围，时时刻刻折磨着你的心灵，使你寝食难安。

法国作家杜伽尔曾说过这样一句话："不要妥协，要以勇敢的行动，克服生命中的各种障碍。"

被誉为"经营之神"的松下幸之助并不是一个社会的幸运儿，不幸的生活却促使他成为一个永远的抗争者。家道中落的松下幸之助9岁起就去大阪做一个小伙计，父亲的过早去世使得15岁的他不得不担负起生活的重担，寄人篱下的生活使他过早地体验了做人的艰辛。

1910年，松下幸之助独自来到大阪电灯公司做一名室内安装电线练习工，一切从头学起。不久，他诚实的品格和上乘的服务赢得了公司的信任。22岁那年，他晋升为公司最年轻的检验员。就在这时，他遇到了人生最大的挑战。

松下幸之助发现自己得了家族病，已经有9位家人在30岁前因为家族病离开了人世，其中包括他的父亲和哥哥。当时的境况使他不可能按照医生的吩咐去休养，只能边工作边治疗。他没了退路，反而对可能发生的事情有了充分的精神准备，这也使他形成了一套与疾病做斗争的办法：不断调整自己的心态，以平常之心面对疾病，调动机体自身的免疫力、抵抗力与病魔斗争，使自己保持旺盛的精力。这样的过程持续了一年，他的身体也变得结实起来，内心也越来越坚强，这种心态也影响了他的一生。

患病一年以来的苦苦思索，希望改良插座得到公司采用的愿

202

望受挫的打击，使他下决心辞去公司的工作，开始独立经营插座生意。

一次又一次的打击并没有击垮松下幸之助，他享年 94 岁高龄，这也向人们表明，一个人只有从心理上、道德上成熟起来时，他才可以长寿。他之所以能够走出遗传病的阴影，安然渡过企业经营中的一个个惊涛骇浪，得益于他永葆一颗年轻的心，并能坦然应对生活中的各种挫折的折磨。松下幸之助说过："你只要有一颗谦虚和开放的心，你就可以在任何时候从任何人身上学到很多东西。无论是逆境或顺境，坦然的处世态度，往往会使人更聪明。"

人生在天地之间，就要面临各种各样的压力，这些压力对人形成一种无形的折磨，使很多人觉得人生在世就是一种苦难。

其实，我们远不必这么悲观，生活中有各种各样的折磨人的事，但是生命不一直在延续吗？人类不也一直在前进吗？很多事情当我们回过头来再去看的时候，就会发现，生命历经折磨以后，反而更加欣欣向荣。

事实就是这样，没有经过风雨折磨的禾苗永远不能结出饱满的果实，没有经过折磨的雄鹰永远不能高飞，没有经过折磨的士兵永远不会当上元帅，没有被老板、上司折磨过的员工也永远不能提高业务能力……这就是自然界告诉我们的一个很简单的道理：一切事物如果想要变得更强，必须经过折磨。

人也一样，只有历经折磨的人，才能够更快、更好地成长。生活，永远只能在折磨中得到升华。

你不能倒下，身后都是看你笑话的人

到了一个阴森森、黑漆漆的地方，我们会感到毛骨悚然，心跳加速，好像危险的事就要发生，于是步步惊魂，随时提高警惕，严阵以待，但是到了最后，往往什么事也没发生，自始至终，都是我们自己在吓自己。所有紧张、恐惧的情绪其实全都来自自己的想象。

小光刚到深圳打工时，在一家酒吧做服务生。

第一天上班，老板便特别提醒小光："我们这一带有一个人，经常来白吃白喝，心情不好的时候，还会把人打得遍体鳞伤，因此，如果你听到别人说他来了，你什么也别想，想尽办法赶快跑就对了。因为这个人实在太蛮横了，连警察都不放在眼里，上一个酒保被他打伤，到现在还躺在医院里。"

某一天深夜，酒吧外面忽然一阵大乱，有人告诉小光说那个经常闹事的人来了。

当时，小光正在上厕所，等到他走出来时，酒吧里的客人、员工早就跑得干干净净，连个影子也见不到了。

这时，只听见"砰"的一声，前门被人踢开了，一个凶神恶煞般的男人大步走进门。他的脸上有一道刀疤，手臂上的刺青一直延伸到后背。

他二话不说，气势汹汹地在吧台前坐了下来，对小光吼道："给我来一杯威士忌。"

小光心想，既然已经来不及逃跑了，不如就试着赔笑脸，尽量讨这个人的欢心，以保全自己吧！于是，他用颤抖的双手，战战兢兢地递给那个男人一杯威士忌。

　　男人看了小光一眼，一口气把整杯酒饮干，然后重重地把酒杯放下。

　　看到这一幕，小光的心脏简直快要跳出来了，若不是酒吧里还放着音乐，他的心跳声一定会被人听见。小光勉强鼓起勇气，小声地问道："您……您要不要再来一杯？"

　　"我没那时间！"男人对着他吼道，"你难道不知道那个喜欢闹事的人就要来了吗？"

　　不久之后，那个男人就走了，小光这才重重地舒了一口气。小光这才发现，其实那个人并不可怕，只是人们无形之中把恐惧扩大了。

　　很多时候，人们就像案例中的小光一样，到事情结束后才发现恐惧是自己制造的。

　　对于我们来说，世界是一个宏大的舞台，其中就有很多镁光灯照不到的地方，而我们有的时候就被迫在这些带给我们不安的黑暗中去跳舞，想象着各种危险，有的时候甚至逃避着这一切。

　　其实这个社会中不仅只有你一个人面临这些焦虑和恐惧，很多人都曾在某个时刻被突如其来的未知恐惧所打垮。

　　与陌生人的交往就是这么一种典型状况，我们把陌生人想象成很可怕的样子，害怕与他们交往。

　　一份来自美国的研究资料称，约有40%的美国人在社交场合感到紧张，那些神采奕奕的政界人士和明星，也有手心出汗、词不达意的时候，还有一些人表面上侃侃而谈、镇定自若，实际上手心早已一把汗。

事实上，我们每个人都需要面对自己的焦虑、紧张情绪，如果你承认并接纳这种紧张情绪，你很快就能抛开它。而那些让紧张情绪影响工作和生活的人，则被心理专家定性为患有社交焦虑症或社交恐惧症，他们的糟糕表现，往往是因为不能承认自己的焦虑和紧张情绪所致。

对某些事物或情景适当的恐惧，可使人们更加小心谨慎，有意识地避开有害、有危险的事物或情景，从而更好地保护自己，避免遭受挫折、失败和意外事故。过度的恐惧则是最消极的一种情绪，并且总是和紧张、焦虑、苦恼相伴，而使人的精神经常处于高度的紧张状态。严重影响一个人的学习、工作、事业和前途。因此它必然损害健康，引起各种心理性疾病，长期的极端恐惧甚至可使人身心衰竭。

为了自己的健康和进步，有恐惧心理的人必须下定决心，鼓足勇气，努力战胜自己不健康的恐惧心理。

现在，请闭上眼睛，什么都不要想，彻底放松，除去一切的紧张，然后让憎恨、愤怒、焦虑、嫉妒、艳羡、悲痛、烦忧、失望等精神中的一切不利因素离你而去，你会感到轻松无比。

你成不了事，是因为没把它当回事

人需要给自己一点压力，才能在压力中成长，才能在压力中不畏艰难，走向成功。

别在该努力的时候，只谈梦想

折磨你的人会给予你巨大的压力，这时，你该如何应对？

美国鲍尔教授说："人们在感受工作中压力时，与其试图通过放松的技巧来应付压力，不如激励自己去面对压力。"

压力对于每一个人都有一种很特别的感觉。不错，人人都会本能地想摆脱压力，但往往都不能如愿！

一个人的惰性与生存所形成的矛盾会是压力，一个人的欲望与来自社会各方面的冲突会是压力。说通俗一些，就是人生的各个阶段都有压力：读书有压力，上班有压力，做平头老百姓有压力，做领导干部也有压力。总之，压力无处不在！

压力是好事还是坏事？

科学家认为，人是需要激情、紧张和压力的。如果没有既甜蜜又有痛苦的冒险滋味的"滋养"，人的机体就无法存在。对这些情感的体验有时就像药物和毒品一样让人上瘾，适度的压力可以激发人的免疫力，从而延长人的寿命。试验表明，如果将人关进隔离室内，即使让他感觉非常舒服，但没有任何情感体验，他很快就会发疯。

压力带给人的感觉不仅仅是痛苦和沉重，它也能激发人的斗志和内在的激情，使你兴奋，使你的潜能被开发！

体育比赛的压力是大家都有目共睹的，正是因为压力大，才有了世界纪录的频频被打破。企业工作业绩的压力也是很大的，然而正是激励的竞争机制才有了企业的飞速发展，人才也层出不穷。

压力不仅能激发斗志，压力还能创造奇迹。据说有一条非常危险的山路，是人们外出的必经之路，多少年来，从未出过任何事故。原因是，每一个经过的人都必须挑着担子才能通行。可是奇怪的是，人们空着手走尚且很危险的一条狭窄的小路，一边是陡峻的山崖，一边是无底的深渊，而挑着担子反能顺利通过。那是因为挑着担子的心不敢有丝毫的松懈，全部精力和心思都集中在此，所以，多少年来，这里都是安全的。这正是压力的效应。

相反，没有压力的生活会使人生活得没有滋味。

试想，如果所有的学生都是一样的考分，不管你多么努力！所有的员工都是一样的工资，不管你多么勤奋！那还会有谁愿意继续努力？人人就只会混日子，变得越来越懒散，激情也将消失殆尽！说大了，社会也将停滞不前。

但压力又不能太大，大得难以承受，人又会被压垮的。这样的例子也很多。有一个女孩因高考感觉没考好，就没有回家而直接走到江里了。当录取通知书发下时，她已离去很多日子。原因是，这次考试是一锤子"买卖"，如果这次没考上，她也就没有第二次机会了，家长对她是这样说的，所以她无法承受这样的压力，于是选择了永不面对。

压力不能没有，压力又不能过大，而压力又无法摆脱。是的，生活就是这样，充满着矛盾，我们只能去选择适应生活和改变自己。当你没有了激情，懒懒散散，那就给自己加压，定下一个目标，限期完成；当你感到压力使你心身疲惫，都快成机器了，你就要进行压力疏解，放下一些攀比和力不从心的追求。

当没有任何压力的时候，人就会失去动力，成为轻飘飘的云，没有了方向，要想改变现状，你必须给自己一些压力。珍珠的来历大家都知道，它是石子放进贝壳，经过不分昼夜的磨砺而成。让我们学习贝壳吧，把压力变成珍珠！

第九章

你受了那么多苦，
一定是为了值得的东西

每一个艰苦卓绝的现在，终有掌声雷动的未来

苦难可以激发生机，也可以扼杀生机；可以磨炼意志，也可以摧垮意志；可以启迪智慧，也可以蒙蔽智慧；可以高扬人格，也可以贬低人格。这完全取决于每个人本身。

苦难是一柄双刃剑，它能让强者更强，练就出色而几近完美的人格；但是同时它也能够将弱者一剑削平，从此倒下。

曾有这样一个农民，做过木匠，干过泥瓦工，收过破烂，卖过煤球，在感情上受到过欺骗，还打过一场 3 年之久的官司。他曾经独自闯荡在一个又一个城市里，做着各种各样的活计，居无定所，四处漂泊，生活上也没有任何保障。看起来仍然像一个农民，但是他与乡里的农民有些不同，他虽然也日出而作，但是不日落而息——他热爱文学，写下了许多清澈纯净的诗歌，每每读到他的诗歌，都让人们为之感动，同时为之惊叹。

"你这么复杂的经历怎么会写出这么纯净的作品呢？"他的一个朋友这么问他，"有时候我读你的作品总有一种感觉，觉得只有初恋的人才能写得出。"

"那你认为我该写出什么样的作品呢？《罪与罚》吗？"他笑道。

"起码应当比这些作品更沉重和黯淡些。"

他笑了，说："我是在农村长大的，农村家家都储粪种庄稼。小

别在该努力的时候，只谈梦想

时候，每当碰到别人往地里送粪时，我都会掩鼻而过。那时我觉得很奇怪，这么臭、这么脏的东西，怎么就能使庄稼长得更壮实呢？后来，经历了这么多事，我却发现自己并没有学坏，也没有堕落，甚至连麻木也没有，就完全明白了粪便和庄稼的关系。"

"粪便是脏臭的，如果你把它一直储在粪池里，它就会一直这么脏臭下去。但是它一旦遇到土地，它就和深厚的土地结合，就成了一种有益的肥料。对于一个人，苦难也是这样。如果把苦难只视为苦难，那它真的就只是苦难。但是，如果你让它与你精神世界里最广阔的那片土地去结合，它就会成为一种宝贵的营养，让你在苦难中如凤凰涅槃，体会到特别的甘甜和美好。"

人的心灵可以转化苦难的性质。在这转化中，每一场沧桑都成了他唇间的美酒，每一道沟坎都成了他诗句的源泉。他文字里那些明亮的妩媚原来是那么深情、隽永，因为其间的一笔一画都是他踏破苦难的履痕。

苦难是把双刃剑，它会割伤你，但也会帮助你。帕格尼尼，世界超级小提琴家。他是一位在苦难的琴弦下把生命之歌演奏到极致的人。4岁时一场麻疹和强直性昏厥症让他险些就此躺进棺材。7岁患上严重肺炎，只得大量放血治疗。46岁因牙床长满脓疮，拔掉了大部分牙齿。其后又染上了可怕的眼疾。50岁后，关节炎、喉结核、肠道炎等疾病折磨着他的身体与心灵。后来声带也坏了。他仅活到57岁，就口吐鲜血而亡。

身体的创伤不仅仅是他苦难的全部。他从13岁起，就在世界各地过着流浪的生活。他曾一度将自己禁闭，每天疯狂地练琴，几乎忘记了饥饿和死亡。像这样的一个人，这样一个悲惨的生命，却在琴弦上奏出了最美妙的音符。3岁学琴，12岁开首场个人音乐会。他令无数人陶醉，令无数人疯狂！

乐评家称他是"操琴弓的魔术师"。歌德评价他："在琴弦上展现了火一样的灵魂。"李斯特大喊："天哪，在这四根琴弦中饱含着多少苦难、痛苦与受到残害的生灵啊！"苦难净化心灵，悲剧使人崇高。也许上帝成就天才的方式，就是让他在苦难这所大学中进修。

弥尔顿、贝多芬、帕格尼尼——世界文艺史上的三大怪杰，一个成了瞎子，一个成了聋子，一个成了哑巴！这就是最好的例证。苦难，在这些不屈的人面前，会化为一种礼物，一种人格上的成熟与伟岸，一种意志上的顽强和坚韧，一种对人生和生活的深刻认识。然而，对更多人来说，苦难是噩梦，是灾难，甚至是毁灭性的打击。

其实对于每一个人，苦难都可以成为礼物或是灾难。你无须祈求上帝保佑，菩萨显灵。选择权就在你自己手里。一个人的尊严之处，就是不轻易被苦难压倒，不轻易因苦难放弃希望，不轻易让苦难占据自己蓬勃向上的心灵。

不要让自己的梦想，毁在别人嘴里

重要的是你如何看待发生在你身上的事，而不是到底发生了什么。

如果一个人在46岁的时候，因意外事故被烧得不成人形，4年后又在一次坠机事故后腰部以下全部瘫痪，他会怎么办？再后来，你

别在该努力的时候，只谈梦想

能想象他变成百万富翁、受人爱戴的公共演说家、扬扬得意的新郎及成功的企业家吗？你能想象他去泛舟、玩跳伞、在政坛角逐一席之地吗？米契尔全做到了，甚至有过之而无不及。在经历了第一次意外事故后，他的脸因植皮而变成一块"彩色板"，手指没有了，双腿细小，无法行动，瘫痪在轮椅上。意外事故把他身上65%以上的皮肤都烧坏了，为此他动了16次手术。手术后，他无法拿起叉子，无法拨电话，也无法一个人上厕所。但以前曾是海军陆战队队员的米契尔从不认为他被打败了，他说："我完全可以掌握我自己的人生之船，我可以选择把目前的状况看成倒退或是一个起点。"6个月之后，他又能开飞机了。

米契尔为自己在科罗拉多州买了一幢维多利亚式的房子，还买了一架飞机及一家酒吧。后来他和两个朋友合资开了一家公司，专门生产以木材为燃料的炉子，这家公司后来变成佛蒙特州第二大私人公司。第一次意外发生后4年，米契尔所开的飞机在起飞时又摔回跑道，把他背部的12块脊椎骨全压得粉碎，腰部以下永远瘫痪。"我不解的是为何这些事老是发生在我身上，我到底是造了什么孽，要遭到这样的报应？"米契尔说。

米契尔仍不屈不挠，日夜努力使自己能达到最高限度的独立自主，他被选为科罗拉多州孤峰顶镇的镇长，以保护小镇的美景及环境，使之不因矿产的开采而遭受破坏。米契尔后来也竞选国会议员，他用一句"不只是另一张小白脸"的口号，将自己难看的脸转化成一笔有利的资产。

尽管面貌骇人、行动不便，米契尔却坠入爱河，并且完成了终身大事，也拿到了公共行政硕士学位，并继续着他的飞行活动、环保运动及公共演说。米契尔说："我瘫痪之前可以做1万件事，现在我只能做9000件事，我可以把注意力放在我无法再做好的1000件事上，或是把目光放在我还能做的9000件事上。告诉大家，我的人生曾遭受过两次重大的挫折，如果我能选择不把挫折拿来当成放弃努力的借口，那么，或许你们可以用一个新的角度来看待一些一直让你们裹足不前的经历。你可以退一步，想开一点，然后你就有机会说：'或许那也没什么大不了的。'"

记住："重要的是你如何看待发生在你身上的事，而不是到底发生了什么。"人生之路，不如意事常八九，一帆风顺者少，曲折坎坷者多，成功是由无数次失败构成的。在追求成功的过程中，还需正确面对失败。乐观和自我超越就是能否战胜自卑、走向自信的关键。正如美国通用电气公司创始人沃特所说："通向成功的路，即把你失败的次数增加一倍。"但失败对人毕竟是一种"负性刺激"，会使人产生不愉快、沮丧、自卑。

面对挫折和失败，唯有乐观积极的持久心，才是正确的选择。其一，采用自我心理调适法，提高心理承受能力；其二，注意审视、完善策略；其三，用"局部成功"来激励自己；其四，做到坚韧不拔，不因挫折而放弃追求。

要战胜失败所带来的挫折感，就要善于挖掘、利用自身的"资源"。应该说当今社会已大大增加了这方面的发展机遇，只要敢于尝试，勇于拼搏，就一定会有所作为。虽然有时个体不能改变"环境"的"安排"，但谁也无法剥夺其作为"自我主人"的权利。屈原遭放

别在该努力的时候，只谈梦想

逐乃作《离骚》；司马迁受宫刑乃成《史记》，就是因为他们无论什么时候都不气馁、不自卑，都有坚韧不拔的意志。有了这一点，就会挣脱困境的束缚，迎来光明的前景。

若每次失败之后都能有所"领悟"，把每一次失败都当作成功的前奏，那么就能化消极为积极，变自卑为自信。作为一个现代人，应具有迎接失败的心理准备。世界充满了成功的机遇，也充满了失败的风险，所以要树立持久心，以不断提高应付挫折与干扰的能力，调整自己，增强社会适应力，坚信失败乃成功之母。

成功之路难免坎坷和曲折，有些人把痛苦和不幸作为退却的借口，也有人在痛苦和不幸面前寻得复活和再生。只有勇敢地面对不幸和超越痛苦，永葆青春的朝气和活力，用理智去战胜不幸，用坚持去战胜失败，我们才能真正成为自己命运的主宰，成为掌握自身命运的强者。

其实失败就是强者和弱者的一块试金石，强者可以愈挫愈奋，弱者则是一蹶不振。想成功，就必须面对失败，必须在千万次失败面前站起来。

你越努力，世界越公平

苦难对于弱者是一个深渊，而对于天才来说则是一块垫脚石。

美国前总统克林顿并不算是天才人物，但他能登上美国总统的宝座，与他个人的勤奋和磨炼不无关系。

克林顿的童年很不幸。他出生前4个月，父亲就死于一次车祸。他母亲因无力养家，只好把出生不久的他托付给自己的父母抚养。童年的克林顿受到外公和舅舅的深刻影响。他自己说，他从外公那里学会了忍耐和平等待人，从舅舅那里学到了说到做到的男子汉气概。他7岁随母亲和继父迁往温泉城，不幸的是，双亲之间常因意见不合而发生激烈冲突，继父嗜酒成性，酒后经常虐待克林顿的母亲，小克林顿也经常遭其斥骂。这给从小就寄养在亲戚家的小克林顿的心灵蒙上了一层阴影。

坎坷的童年生活，使克林顿形成了尽力表现自己，争取别人喜欢的性格。他在中学时代非常活跃，一直积极参与班级和学生会活动，并且有较强的组织和社会活动能力。他是学校合唱队的主要成员，而且被乐队指挥定为首席吹奏手。

1963年夏，他在"中学模拟政府"的竞选中被选为参议员，应邀参观了首都华盛顿，这使他有机会看到了"真正的政治"。参观白宫时，他受到了肯尼迪总统的接见，不但同总统握了手，而且还和总统合影留念。

此次华盛顿之行是克林顿人生的转折点，使他的理想由当牧师、音乐家、记者或教师转向了从政，梦想成为肯尼迪第二。

有了目标和坚强的意志，克林顿此后30年的全部努力，都紧紧围绕这个目标。上大学时，他先读外交，后读法律——这些都是政治家必须具备的知识修养。离开学校后，他一步一个脚印，律师、议员、州长，最后达到了政治家的巅峰——总统。

人生来都希望在一个平和顺利的环境中成长，但上帝并不喜爱

别在该努力的时候，只谈梦想

安逸的人们，他要挑选出最杰出的人物，于是他让这些人历经磨难，千锤百炼终于成金。

一个人若想有所成就，那么苦难就成为一道你必须超越的关卡。就像神话中所说的那样，那条鲤鱼必须跳过龙门，才能超越自我、化身为龙，人生又何尝不是如此！

你那么怕痛，还要青春做什么

一家铁路公司有一位调车人员尼克，他工作相当认真，做事也很尽职尽力，不过他有一个缺点，就是他对人生很悲观，常以否定的眼光去看世界。

有一天，铁路公司的职员都赶着去给老板过生日，大家都提早急急忙忙地走了。不巧的是，尼克不小心竟被关在一辆冰柜车里。

尼克在冰柜里拼命地敲打着、叫喊着，全公司的人都走了，根本没有人听得到。尼克的手掌敲得红肿，喉咙叫得沙哑，也没人理睬，最后只得绝望地坐在地上喘息。

他越想越可怕，心想，冰柜里的温度在零下20℃以下，如果再不出去，一定会被冻死。他只好用发抖的手，找来纸笔，写下遗书。

第二天早上，公司里的职员陆续来上班。他们打开冰柜，发现尼克倒在里面。他们将尼克送去急救，但他已没有生还的可能。大家都很惊讶，因为冰柜里的冷冻开关并没有启动，这巨大的冰柜里也有足够的氧气，而尼克竟然被"冻"死了！

其实尼克并非死于冰柜的温度，他是死于自己心中的冰点。因为他根本不敢想一向不能轻易停冻的这辆冰柜车，这一天恰巧因要维修而未启动制冷系统。他的不敢想使他连试一试的念头都没有产生。

你对待挫折的态度，决定了你人生的高度

拿破仑说："我只有一个忠告——做你自己的主人。"

习惯抱怨生活太苦的人，是不是也能说一句这样的豪言壮语："我已经经历了那么多的磨难，眼下的这一点痛又算得了什么？！"

我们在埋怨生活多磨难的同时，不妨想想下面这位老人的人生经历，或许还有更多多灾多难的人们，与他们相比我们的困难和挫折算什么呢？自强起来，生命就会站立不倒。

德国有一位名叫班纳德的人，在风风雨雨的50年间，他遭受了200多次磨难的洗礼，从而成为世界上最倒霉的人，但这些也使他成为世界上最坚强的人。

他出生后14个月，摔伤了后背；之后又从楼梯上掉下来摔残了一只脚；再后来爬树时又摔伤了四肢；一次骑车时，忽然一阵不知从何处而来的大风，把他吹了个人仰车翻，膝盖又受了重伤；13岁时掉进了下水道，差点窒息；一次，一辆汽车失控，把他的头撞了一个大洞，血如泉涌；又有一辆垃圾车，倒垃圾时将他埋在了下面；还有一

次他在理发屋中坐着，突然一辆飞驰的汽车撞了进来……

他一生倒霉无数，在最为晦气的一年中，竟遇到了17次意外。

但更令人惊奇的是，老人至今仍旧健康地活着，心中充满着自信，因为他经历了200多次磨难的洗礼，他还怕什么呢？

"自古雄才多磨难，从来纨绔少伟男"，人们最出色的工作往往是在挫折逆境中做出的。我们要有一个辩证的挫折观，经常保持自信和乐观的态度。挫折和教训使我们变得聪明和成熟，正是失败本身才最终造就了成功。我们要悦纳自己和他人他事，要能容忍挫折，学会自我宽慰，心怀坦荡、情绪乐观、满怀信心地去争取成功。

如果能在挫折中坚持下去，挫折实在是人生不可多得的一笔财富。有人说，不要做在树林中安睡的鸟儿，而要做在雷鸣般的瀑布边也能安睡的鸟儿，就是这个道理。逆境并不可怕，只要我们学会去适应，那么挫折带来的逆境，反而会给我们以进取的精神和百折不挠的毅力。

挫折让我们更能体会到成功的喜悦，没有挫折我们不懂得珍惜，没有挫折的人生是不完美的。

世事常变化，人生多艰辛。在漫长的人生之旅中，尽管人们期盼能一帆风顺，但在现实生活中，却往往令人不期然地遭遇逆境。

逆境是理想的幻灭、事业的挫败；是人生的暗夜、征程的低谷。就像寒潮往往伴随着大风一样，逆境往往是通过名誉与地位的下降、金钱与物资的损失、身体与家庭的变故而表现出来的。逆境是人们的理想与现实的严重背离，是人们的过去与现在的巨大反差。

每个人都会遇到逆境，以为逆境是人生不可承受的打击的人，必不能挺过这一关，可能会因此而颓废下去；而以为逆境只不过是人生的一个小坎儿的人，就会想尽一切办法去找一条可迈过去的路。这种人，多迈过几个小坎儿的，就会不怕大坎儿，就能成大事。

传说上帝造物之初，本打算让猫与老虎两师徒一道做万兽之王。上帝为考察它们的才能，放出了几只老鼠，老虎全力以赴，很干脆地就将老鼠捉住吃掉了。猫却认为这是大材小用，上帝小看了自己，心中不平，于是很不用心，捉住了老鼠再放开，玩弄了半天才把老鼠杀死。

考察的结果是：上帝认为猫太无能，不可做兽王，就让它身躯变小，专捉老鼠；而虎能全力以赴，做事认真，因此可以去统治山林，做百兽之王。

这则寓言告诉我们：世事艰辛，不如意者十有八九，不必因不平而泄气，也不必因逆境而烦恼，只要自己努力，机会总会有的。

面对逆境，不同的人有着不同的观点和态度。就悲观者而言，逆境是生存的炼狱，是前途的深渊；就乐观的人而言，逆境是人生的良师，是前进的阶梯。逆境如霜雪，它既可以凋叶摧草，也可使菊香梅艳；逆境似激流，它既可以溺人殒命，也能够逸舟远航。逆境具有双重性，就看人怎样正确地去认识和把握。

古往今来，凡立大志、成大功者，往往都饱经磨难，备尝艰辛。逆境成就了"天将降大任"者。如果我们不想在逆境中沉沦，那么我们便应直面逆境，奋起抗争，只要我们能以坚韧不拔的意志奋力拼搏，就一定能冲出逆境。

别在该努力的时候，只谈梦想

你有多努力的现在，就有多不惧的未来

对于一个人来说，苦难确实是残酷的，但如果你能充分利用苦难这个机会来磨炼自己，苦难会馈赠给你很多。

生命不会是一帆风顺的，任何人都会遇到逆境。从某种意义上说，经历苦难是人生的不幸，但同时，如果你能够正视现实，从苦难中发现积极的意义，充分利用机会磨炼自己，你的人生将会得到不同寻常的升华。

我们可以看看下面这则故事：

由于经济破产和从小落下的残疾，人生对格尔来说已索然无味了。

在一个晴朗的日子，格尔找到了牧师。牧师现在已疾病缠身，脑溢血彻底摧残了他的健康，并遗留下右侧偏瘫和失语等症，医生们断言他再也不能恢复说话能力了。然而仅在病后几周，他就努力学会了重新讲话和行走。

牧师耐心听完了格尔的倾诉。"是的，不幸的经历使你心灵充满创伤，你现在生活的主要内容就是叹息，并想从叹息中寻找安慰。"他闪烁的目光始终燃烧着格尔，"有些人不善于抛开痛苦，他们让痛苦缠绕一生直至幻灭。但有些人能利用悲哀的情感获得生命悲壮的感受，并从而对生活恢复信心。"

"让我给你看样东西。"他向窗外指去。那边矗立着一排高大的枫树，在枫树间悬吊着一些陈旧的粗绳索。他说："60年前，这儿的庄园主种下这些树护卫牧场，他在树间牵拉了许多粗绳索。对于幼树嫩弱的生命，这太残酷了，这种创伤无疑是终身的。有些树面对残酷的现实，能与命运抗争；而另有一些树消极地诅咒命运，结果就完全不同了。"

他指着一棵被绳索损伤并已枯萎的老树："为什么有些树毁掉了，而这一棵树已成为绳索的主宰而不是其牺牲品呢？"

眼前这棵粗壮的枫树看不出有什么疤痕，格尔所看到的是绳索穿过树干——几乎像钻了一个洞似的，真是一个奇迹。

"关于这些树，我想过许多，"牧师说，"只有体内强大的生命力才可能战胜像绳索带来的那样终身的创伤，而不是自己毁掉这宝贵的生命。"沉思了一会儿后，牧师说："对于人，有很多解忧的方法。在痛苦的时候，找个朋友倾诉，找些活干；对待不幸，要有一个清醒而客观的全面认识，尽量抛掉那些怨恨的情感负担。有一点也许是最重要的，也是最困难的——你应尽一切努力愉悦自己，真正地爱自己，并抓住机会磨炼自己。"

在遇到挫折困苦时，我们不妨聪明一些，找方法让精神伤痛远离自己的心灵，利用苦难来磨炼自己的意志。尽一切努力愉悦自己，真正地爱自己。我们的生命就会更丰盈，精神会更饱满，我们就可能会拥有一个辉煌壮美的人生。

世界可以没有温度，但你不可以不温暖

人的潜力是惊人的，很多时候，你认为你承受不了的事，往往却能够不费气力地承受下来，人生没有承受不了的事，相信你自己。

别在该努力的时候，只谈梦想

你还在为即将到来或正发生在自己身上的不幸而担忧吗？其实，这些困难并不像你想象的那样可怕。只要你勇敢面对，你就能够承受得了。等你适应了那样的不幸以后，你就可以从不幸中找到幸运的种子了。

　　帕克在一家汽车公司上班。很不幸，一次机器故障导致他的右眼被击伤，抢救后还是没能保住，医生摘除了他的右眼球。帕克原本是一个十分乐观的人，现在却成了一个沉默寡言的人。他害怕上街，因为总是有那么多人看他的眼睛。

　　他的休假一次次被延长，妻子艾丽丝负担起了家庭的所有开支，而且她在晚上又兼了一个职。她很在乎这个家，她爱着自己的丈夫，想让全家过得和以前一样。艾丽丝认为丈夫心中的阴影总会消除的，那只是时间问题。

　　但糟糕的是，帕克的另一只眼睛的视力也受到了影响。在一个阳光灿烂的早晨，帕克问妻子是谁在院子里踢球时，艾丽丝惊讶地看着丈夫和正在踢球的儿子。在以前，儿子即使到更远的地方，他也能看到。艾丽丝什么也没有说，只是走近丈夫，轻轻地抱住他的头。

　　帕克说："亲爱的，我知道以后会发生什么，我已经意识到了。"艾丽丝的泪就流下来了。其实，艾丽丝早就知道这种后果，只是她怕丈夫受不了打击而要求医生不要告诉他。帕克知道自己要失明后，反而镇静多了，这让艾丽丝感到奇怪。艾丽丝知道帕克能见到光明的日子已经不多了，她想为丈夫留下点什么。她每天把自己和儿子打扮得漂漂亮亮，还经常去美容院。在帕克面前，不论她心里多么悲伤，她总是努力微笑。几个月后，帕克说："艾丽丝，我发现你新买的套裙那么旧了！"艾丽丝说："是吗？"她奔到一个他看不到的角落，低声哭了。她那件套裙的颜色在太阳底下绚丽夺目。她想，还能为丈夫留下什么呢？第二天，家里来了一个油漆匠，艾丽丝想把家具和墙壁粉刷一遍，让帕克的心中永远有一个新家。油漆匠工作很认真，一边干活还一边吹着口哨。干了一个星期，终于把所有的家具和墙壁刷好了，他也知道了帕克的情况。油漆匠对帕克说："对不起，我干得很慢。"帕克说："你天天那么开心，我也为此感到高兴。"算工钱的时候，油漆匠少算了100元。艾丽丝和帕克说："你少算了工钱。"油漆匠说："我已经多拿了，一个等待失明的人还那么平静，你告诉了我什么叫勇气。"但帕克坚持要多给油漆匠100元，帕克说："我也知道了原来残疾人也可以自食其力，并生活得很快乐。"油漆匠只有一只手。哀莫大于心死，只要自己还有一颗乐观、充满希望的心，身体的残缺又有什么影响呢？

要学会享受生活，只要还拥有生活的勇气，那么你的人生仍然是五彩缤纷的。人的潜力是无穷的，世界上没有任何事情能够将人的心完全压制。只要相信自己，人生就没有承受不了的事。至于受老板的责骂、受客户的折磨这种小事，你还会在乎吗？

你现在受的苦，终有一天会照亮你前行的路

不要诅咒目前的黑暗，你所要做的就是做好准备，去迎接光明，因为黑暗只是光明的前兆。

莎士比亚在他的名著《哈姆雷特》中有这样一句经典台词："光明和黑暗只在一线间。"一个人身处黑暗之中，你的心灵千万不要因黑暗而熄灭，而是要充满希望，因为黑暗只是光明来临的前兆而已。

清代有一个年轻书生，自幼勤奋好学，无奈贫困的小村里没有一个好老师。书生的父母决定变卖家产，让孩子外出求学。

一天，天色已晚，书生饥肠辘辘准备翻过山头找户人家借住一宿。走着走着，树林里忽然蹿出一个拦路抢劫的土匪。书生立即拼命往前逃跑，无奈体力不支。土匪穷追不舍，眼看着书生就要被追上了，正在走投无路时，书生一急钻进了一个山洞里。土匪见状，不肯罢休，他也追进山洞里。洞里一片漆黑，在洞的深处，书生终究未能逃过土匪的追逐，他被土匪逮住了。一顿毒打自然不能免掉，身上的所有钱财及衣物，甚至包括一把准备为夜间照明用的火把，都被土匪一掳而去了。土匪给他留下的只有一条薄命。

然后，书生和土匪两个人各自分头寻找着洞的出口，这山洞极深极黑，且洞中有洞，纵横交错。

土匪将抢来的火把点燃，他能轻而易举地看清脚下的石块，能看清周围的石壁，因而他不会碰壁，不会被石块绊倒，但是，他走来走去，就是走不出这个洞，最终，他迷失在山洞之中，力竭而死。

书生失去了火把，没有了照明，他在黑暗中摸索行走得十分艰辛，他不时碰壁，不时被石块绊倒，跌得鼻青脸肿，但是，正因为他置身于一片黑暗之中，所以他的眼睛能够敏锐地感受到洞里透进来的一点点微光，他迎着这缕微光摸索爬行，最终逃离了山洞。

如果没有黑暗，怎么可能发现光明呢？黑暗并不可怕，它只是光明到来之前的预兆。在黑暗中摸索前行，充满光明的渴望，才是最良好的心态。如果你害怕黑暗，因黑暗而绝望，你将被无边的黑暗所淹没。相反，若你一直在心中点一盏长明灯，光明很快就会降临。

此生辽阔，不必就此束手就擒

人生不如意事十之八九，即使是一个十分幸运的人，在他的一生中也总有一个或几个时期处于十分艰难的状况，总能一帆风顺的时候几乎没有。看一个人是否成功，我们不能看他成功的时候或开心的时候怎么过，而要看其在不顺利的时候，在没有鲜花和掌声的落寞日子里怎么过。有句话是这么说的："在前进的道路上，如果我们因为一时的困难就将梦想搁浅，那只能收获失败的种子，我们将永远不能品尝到成功这杯美酒芬芳的味道。"

在中国商界，史玉柱代表着一种分水岭。

他曾经是20世纪90年代最炙手可热的商界风云人物，但也因为自己的张狂而一赌成恨，血本无归。下了很大的决心后，史玉柱决定和自己的3个部下爬一次珠穆朗玛峰——那个他一直想去的地方。

"当时雇一个导游要800元，为了省钱，我们4个人什么也不知道就那么往前冲了。"1997年8月，史玉柱一行4人就从珠峰5300米的地方往上爬。要下山的时候，4个人身上的氧气用完了。走一会儿就得歇一会儿。后来，又无法在冰川里找到下山的路。

别在该努力的时候，只谈梦想

"那时候觉得天就要黑了，在零下二三十摄氏度的冰川里，肯定要冻死。"

许多年后，史玉柱把这次的珠峰之行定义为自己的"寻路之旅"。之前的他张狂、自傲，带有几分赌徒似的投机秉性。33 岁那年刚进入《福布斯》评选的中国大陆富豪榜前 10 名，两年之后，就负债 2.5 亿，成为"中国首负"，自诩是"著名的失败者"。珠峰之行结束之后，他沉静、反思，仿佛变了一个人。

不管在高耸入云的珠穆朗玛峰上史玉柱找没找到自己的路，一番内心的跌宕在所难免。不然，他不会从最初的中国富豪榜第八名沦落到"首负"之后，又发展到如今的百亿身家。其中艰辛常人必定难以体会。正因为如此，有人用"沉浮"二字去形容他的过往，而史玉柱从失败到重新崛起的经历，也值得我们长久地铭记。

20 世纪 90 年代，史玉柱是中国商界的风云人物。他通过销售巨人汉卡迅速赚取超过亿元的资本，凭此赢得了巨人集团所在地珠海市第二届科技进步特殊贡献奖。那时的史玉柱事业达到了顶峰，自信心极度膨胀，似乎没有什么事做不成。也就是在获得诸多荣誉的那年，史玉柱决定做点"刺激"的事：要在珠海建一座巨人大厦，为城市争光。

大厦最开始定的是 18 层，但之后大厦层数节节攀升，一直飙到 72 层。此时的史玉柱就像打了鸡血一样，明知大厦的预算超过 10 亿，手里的资金只有 2 亿，还是不停地加码。最终，巨人大厦的轰然倒地让不可一世的史玉柱尝尽了苦头。他曾经在最后的关头四处奔走寻觅资金，但所有的谈判都失败了。

随之而来的是全国媒体的一哄而上，成千上万篇文章骂他，欠下的债也是个极其恐怖的数字。史玉柱最难熬的日子是1998年上半年，那时，他连一张飞机票也买不起。"有一天，为了到无锡去办事，我只能找副总借，他个人借了我一张飞机票的钱，1000元。"到了无锡后，他住的是30元一晚的招待所。女招待员认出了他，没有讽刺他，反而给了他一盆水果。那段日子，史玉柱一贫如洗。如果有人给那时的史玉柱拍摄一些照片，那上面的脸孔必定是极度张狂到失败后的落寞，焦急、忧虑是史玉柱那时最生动的写照。

　　经历了这次失败，史玉柱开始反思。他觉得性格中一些癫狂的成分是他失败的原因。他想找一个地方静静，于是就有了一年多的南京隐居生活。

　　在中山陵前面有一片树林，史玉柱经常带着一本书和一个面包到那里充电。那段时间，他每天10点左右起床，然后下楼开车往林子那边走，路上会买好面包和饮料。部下在外边做市场，他只用手机遥控。晚上快天黑了就回去，在大排档随便吃一点，一天就这样过去了。

　　后来有人说，史玉柱之所以能"死而复生"，就是得益于那时候的"卧薪尝胆"。他是那种骨子里希望重新站起来的人。事业可以失败，精神上却不能倒下。经过一段时间的修身养性，他逐渐找到了自己失败的症结：之前的事业过于顺利，所以忽视了许多潜在的隐患。不成熟、盲目自大、野心膨胀，这些，就是他性格中的不安定因素。

　　他决心从头再来，此时，史玉柱身体里"坚强"的秉性体现出来。他在那次珠峰以及多次"省心"之旅后踏上了负重的第二次创

别在该努力的时候，只谈梦想

业。这次事业的起点是保健品脑白金。

因为之前的巨人大厦事件，全国上下已经没有几个人看好史玉柱。他的再次创业只是被更多的人看作赌徒的又一次疯狂。但脑白金一经推出，就迅速风靡全国，到2000年，月销售额达到1亿元，利润达到4500万元。自此，巨人集团奇迹般地复活了。虽然史玉柱还是遭到全国上下诸多非议，但不争的事实是，史玉柱曾经的辉煌确实慢慢回来了。

赚到钱后，他没想到为自己谋多少私利，他做的第一件事就是还钱。这一举动，再次使其成为众人的焦点。因为几乎没有人能够想到史玉柱有翻身的一天，更没想到这个曾经输得一贫如洗的人能够还钱。但他确实做到了。

认识史玉柱的人，总说这些年他变化太大。怎么能没有变化呢？一个经历了大起大落的人，内心总难免泛起些波澜。而对于史玉柱，改变最多的大概是心态和性格。几番沉浮，很少有人再看到他像早些年那样狂热、亢奋、浮躁，更多的是沉稳、坚韧和执着。即使是十分危急的关头，他也是一副胸有成竹、不慌不忙的样子。

回想自己早年的失败时，史玉柱曾特意指出，巨人大厦"死"掉的那一刻，他的内心极其平静。而现在，身家百亿的他也同样把平静作为自己的常态。只是，这已是两种不同的境界。前者的平静大概象征一潭死水，后者则是波涛过后的风平浪静。起起伏伏、沉沉落落，有些人生就是在这样的过程中变得强大和不可战胜。良好的性情和心态是事业成功的关键，少了它们，事业的发展就可能徒增许多波折。

人生难免有低谷的时候，在这样的时刻，我们需要的就是忍受寂寞，卧薪尝胆。就像当年越王勾践那样，三年的时间里，作为失败者他饱受屈辱，被放回越国之后，他选择了在寂寞中品尝苦胆，铭记耻辱，奋发图强，最终得以雪耻。

不要羡慕别人的辉煌，也不要眼红别人的成功，只要你能忍受寂寞，满怀信心地去开创，默默付出，相信生活一定会给你丰厚的回报。

若看不清未来，不如把握好现在

我们之所以没有成功，很多时候是因为在通往成功的路上，我们没能耐得住寂寞，没有专注于脚下的路。

张艺谋的成功在很大程度上源于他对电影艺术的诚挚热爱和忘我投入。正如传记作家王斌所说的那样："超常的智慧和敏捷固然是张艺谋成功的主要因素，但惊人的勤奋和刻苦也是他成功的重要条件。"

拍《红高粱》的时候，为了表现剧情的氛围，他亲自带人去种出一块100多亩的高粱地；为了"颠轿"一场戏中轿夫们颠着轿子踏得山道尘土飞扬的镜头，张艺谋硬是让大卡车拉来十几车黄土，用筛子筛细了，撒在路上；在拍《菊豆》中杨金山溺死在大染池一场戏时，为了给摄影机找一个最好的角度，更是为了照顾演员的身体，张艺谋自告奋勇地跳进染池充当"替身"，一次不行再来一次，直到摄影师满意为止。

我们如果还在抱怨自己的命运，还在羡慕他人的成功，就需要好好反省自身了。很多时候，你可能就输在对事业的态度上。

1986年，摄影师出身的张艺谋被吴天明点将出任《老井》一片的男主角。没有任何表演经验的张艺谋接到任务，二话没说就搬到农村去了。

他剃光了头，穿上大腰裤，露出了光脊背。在太行山一个偏僻、贫穷的山村里，他与当地乡亲同吃同住，每天一起上山干活，一起下沟担水。为了使皮肤粗糙、黝黑，他每天中午光着膀子在烈日下曝晒；为了使双手变得粗糙，每次摄制组开会，他不坐板凳，而是学着农民的样子蹲在地上，用沙土搓揉手背；为了电影中的两个短镜头，他打猪食槽子连打了两个月；为了影片中那不足一分钟的背石镜头，张艺谋实实在在地背了两个月的石板，一天3块，每块150斤。

在拍摄过程中，张艺谋为了达到逼真的视觉效果，真跌真打，主动受罪。在拍"舍身护井"时，他真跳，摔得浑身酸疼；在拍"村落械斗"时，他真打，打得鼻青脸肿。更有甚者，在拍旺泉和巧英在井下那场戏时，为了找到垂死前那种奄奄一息的感觉，他硬是三天半滴水未沾、粒米未进，连滚带爬拍完了全部镜头。

在通往成功的道路上，如果你能耐得住寂寞，专注于脚下的路，目的地就在你的前方，只要努力，你一定会走到终点；如果你专注于困难，始终想不到目的地就在离你不远的前方，你永远都走不到终点！

可能在人生旅途中我们会有理想也会有很多目标，但我们从来都不知道会遇到什么困难，所以你努力地朝着终点前进，你在过程中变得更自信、更坚强，最终也走到了目的地。但如果你已经预测到了，我们的旅途是何等艰辛，它困难重重，我们千方百计地去设想、规划每个可能碰到的困难，结果我们在攻克中迷失了方向，在想的过程中目的地已经离我们太远了。

愿你有蓬勃迸发的勇气，也有无畏前行的底气

别人的人生再辉煌，你也感受不到任何光和热，别人的辉煌与自己毫无关系，你所能做的就是耐住寂寞，认准自己的目标，然后一步步地向自己的目标迈进，千万不要被别人的成功晃花了眼。

在 2006 年之前，低调的张茵对于大众而言还是一张很陌生的面孔。一夜间，"胡润富豪榜"将这一当年中国女首富推出水面，这个颇具传奇色彩的商界女强人瞬间成为公众瞩目的焦点。

在美国《财富》杂志"2007 年最有影响力商业女性 50 强"中，她被称为"全球最富有的白手起家的女富豪"！张茵已成为这个时代平民女性的榜样。

玖龙造纸有限公司，当这一企业红遍大江南北时，张茵也因此赢得了"废纸大王"的美誉。这个东北姑娘当年的泼辣闯劲至今还留在亲人的脑海里。

别在该努力的时候，只谈梦想

张茵出生于东北，走出校门后，做过工厂的会计，后在深圳信托公司的一个合资企业里做过财务工作。1985 年，她曾有过当时看来绝好的机遇：分配住房，年薪 50 万港币……然而，张茵却只身携带 3 万元前往香港创业，在香港的一家贸易公司做包装纸的业务。

　　一直指导张茵的财富法则就是做事专注而坚定。看准商机就下手，全心全意去做事。对于中国四大发明之一的传统行业——造纸业，张茵情有独钟，倾注了很多的心血：从中国香港到美国，再到中国香港，继而把战场转向家乡，扩大到全世界，她的足迹随着纸浆的流动遍布全球。最初入行的张茵以"品质第一"为本，坚决不往纸浆里面掺水，虽然在创业过程中被合伙人欺骗，也历经坎坷，但从未退缩的张茵凭借豪爽与公道逐渐赢得了同行的信任，废纸商贩都愿意把废纸卖给她。尽管她的粤语说得不好，但是诚信之下，沟通不是问题。

　　6 年时间很快过去，赶上香港经济蓬勃时期的张茵不但站稳了脚跟，而且还在完成资本积累的同时，把目光投向了美国市场。因为有了在香港积累的丰富创业实践经验和一定资本，加之美国银行的支持，1990 年起，张茵的中南控股（造纸原料公司）成为美国最大的造纸原料出口商，美国中南有限公司先后在美建起了 7 家打包厂和运输企业，其业务遍及美国、欧亚各地，在美国各行各业的出口货柜中数量排名第一。

　　成为美国废纸回收大王后，独具慧眼的张茵有了新的想法：做中国的废纸回收大王！1995 年，玖龙纸业在广东东莞投建。12 年后，玖龙纸业产能已近 700 万吨，成为一家市值 300 多亿港元的国际化上市公司……

从张茵身上，我们看到了她的专注与坚定。无论做什么事，都全身心地投入。只要全心全意做好一件事，无论遇到什么困难与挫折，只要沉着应对，都可以化险为夷。

有人说，挡住人前进步伐的不是贫穷或者困苦的生活环境，而是内心对自己的怀疑。但是，如果一个人内心里始终装着自己的目标，并且能够耐得住寂寞，静下心来学着为自己的目标积累能量，坚定不移地为实现自己的目标而努力，那么即使他贫穷到买不起一本书，仍然可以通过借阅来获得知识。

人若是耐不住寂寞，老是眼红别人的成就，则不免会产生愤懑之心，看不惯别人取得的成就，要么悲叹命运之苦，要么抱怨社会不公，这样一来，难免会让自己陷入负面情绪当中，而影响了自己的前程。

图书在版编目（CIP）数据

别在该努力的时候，只谈梦想 / 文德著. -- 北京：
中国华侨出版社, 2020.9（2020.10重印）

ISBN 978-7-5113-7984-9

Ⅰ.①别… Ⅱ.①文… Ⅲ.①成功心理—通俗读物
Ⅳ.①B848.4-49

中国版本图书馆CIP数据核字（2019）第185564号

别在该努力的时候，只谈梦想

著　　者：	文　德
责任编辑：	刘雪涛
封面设计：	冬　凡
文字编辑：	胡宝林
美术编辑：	潘　松
经　　销：	新华书店

开　　本：880mm×1230mm　　1/32　　印张：7.75　　字数：160千字

印　　刷：三河市恒升印装有限公司

版　　次：2020年9月第1版　　2020年10月第2次印刷

书　　号：ISBN 978-7-5113-7984-9

定　　价：38.00元

中国华侨出版社　北京市朝阳区西坝河东里77号楼底商5号　邮编：100028

法律顾问：陈鹰律师事务所

发 行 部：（010）88893001　　传　　真：（010）62707370

如果发现印装质量问题，影响阅读，请与印刷厂联系调换。